小情绪里的大秘密

赵佩茹　著

中国言实出版社

图书在版编目（CIP）数据

小情绪里的大秘密 / 赵佩茹著 . -- 北京：中国言实出版社，2018.4
ISBN 978-7-5171-2775-8

Ⅰ . ①小… Ⅱ . ①赵… Ⅲ . ①情绪－自我控制－通俗读物 Ⅳ . ① B842.6-49

中国版本图书馆 CIP 数据核字（2018）第 097213 号

责任编辑：胡　明
出版统筹：朱艳华
封面设计：蒋宏工作室

出版发行　中国言实出版社
地　址：北京市朝阳区北苑路 180 号加利大厦 5 号楼 105 室
邮　编：100101
编辑部：北京市海淀区北太平庄路甲 1 号
邮　编：100088
电　话：64924853（总编室）64924716（发行部）
网　址：www.zgyscbs.cn
E-mail：zgyscbs@263.net
经　　销　新华书店
印　　刷　三河市吉祥印务有限公司
版　　次　2018 年 6 月第 1 版　　2018 年 6 月第 1 次印刷
规　　格　880 毫米 ×1230 毫米　1/32　印张：9
字　　数　256 千字
定　　价　28.00 元　　ISBN 978-7-5171-2775-8

前　言

为什么谈判之前你做了无比充分的准备，自认为步步为营、胜券在握，最后却被人一眼看透底细？

为什么你总是不明白喜欢的人在想什么，明明对他（她）那么好，可约会时常常不欢而散？

为什么你每天勤勤恳恳，拼命工作，努力讨好同事和上司，却得不到大家的认可和信任，升职的那个人永远不是你？

为什么有的人总是喜欢坐在靠窗的位置？

为什么有的人不自觉地摸鼻子？

为什么有的人特别喜欢戴墨镜？

……

其实，以上所有的“为什么”并没有了不得的玄机，答案就存在于一个人的表情与动作当中。

一个人的嘴巴可能会撒谎，但身体却很诚实。无论他怎么掩饰，但是，从脸部到脚趾，从语言到动作，无一不泄露内心的秘密，无一不在展示他真实的情绪，以及你说的话和做的事在对方内心引发的反应。这就是小情绪、小动作当中的秘密。

要知道，人的沟通方式不仅仅靠语言，还有一种非语言沟通。有的时候，对方可能没有跟你说一句话，却已看透了一切。一个人想要长时间地、完美地掩藏内心的秘密，并不容易也不可能，即使是世界上最优秀的演员，因为下意识的表情与动作总是会泄露“天机”。尽管有些表情和动作十分细微，出现的时间很短暂，频率也不高，但是，只要掌握一定的方法，用心观察，还是能够准确而迅速地捕捉到有用的信息。可见,表情与动作就是人们情感信息和心理活动的晴雨表。

相信我,每个人都天生具有敏锐的洞察力,只是看你是否善于发掘这种能力。假如你正在为人际关系而苦恼,不知如何揣摩别人的心思,怎样得到他人的认可,不妨学习一下本书。

这不是一本高深晦涩的心理学理论书籍,而是一本通俗易懂、贴近现实生活的枕边书,不讲大道理,只说发生在我们身边的、每天都可能遇到的小事情,通过真实而普遍的案例,简洁明了的语言文字,破解小情绪和小动作当中隐藏的大秘密。本书去繁为简,涉及生活的方方面面,每一篇都独立成章,随意翻开任何一章都可以获得独立的知识点,轻松找到自己需要的解决问题的钥匙。你可以把它看作是一扇窗,也可以把它看作是一面放大镜,通过它可以走进对方的内心世界,了解对方真实感受,在与人互动时占据主动和先机,让自己在人际关系中更加游刃有余,让生活更加和谐美好。

愿我们每个人都得到善意的对待!

赵佩茹

2018 年 5 月

目　录

第一章　微表情，读懂他人心的秘诀

第二章　微动作，瞬间流露的才是真实可信的

第三章　相由心生，面部如何传达情绪

第四章　声音,聆听内心的方式

第五章　身体姿态,一动一静揭秘你的心理活动

第六章　通过日常习惯洞察别人小心思

第七章　生活习惯背后的性格真相

第八章　看透人性的心理策略

第九章　人格类型决定了一个人的心理模式

第十章　操纵模式,让别人都听你的

第十一章　破解防御机制,洞穿人性弱点

第十二章　心理博弈是制胜的关键

第十三章　互惠互利、合作共赢的心理决策

第十四章　突破心理障碍的心理策略

第十五章　我国古代的微表情识人术

第一章　微表情，读懂他人心的秘诀

1. 微表情的简单解读

所谓表情，就是表现在面部或姿态上的思想感情。表情是情绪的主观体验的外部表现模式。人的表情主要有三种方式：面部表情、语言声调表情和身体姿态表情。

人的心理产生变化时，会自然而然地出现应激反应，而当这种应激反应通过表情流露出来时，不管他掩饰得多么天衣无缝，都会有蛛丝马迹可循。即便是天才的表演高手，可以自如地控制内心情感，也不可能永远表演下去，所有的本能反应，总归在表情上会有所表现的。

通常情况下，人们会把自己内心的想法和感受通过一些面部表情反映出来，所以当一个人面部表情发生变化时，就算是微小的变化，那他内心也一定有了波澜，即使他想掩饰，脸部也会"泄露天机"，这样的表情被称为微表情。"微表情"也就是下意识的表情，持续时间非常短暂，最短只持续 1/25 秒，但就是这一瞬间的表情却可以轻易暴露一个人的内心。所以当我们想要了解一个人内心真实的想法时，要注意仔细观察，不要有一丝一毫的遗漏之处，尤其是一闪而过的表情，它更能反映人的心理状态。

人们的表情主要有三种方式：面部表情、语言声调表情和身体姿态表情。其中，面部表情是人的情感最丰富的一种体现方式，也最容易被别人察觉。人们通常会更加重视观察别人的面部表情，而往往忽略其他两种方式。

微表情中的面部表情主要表现为眼睛、鼻子、眉毛、嘴巴等面部变化。

眼睛是人们心灵的窗户，也是人的面部表情中表达情感最直接、最完整的一种方式。很多时候，人们通过对眼神的观察和交流，能够冲破双方之间的距离和隔阂，进行无声的对话，甚至代替一切语言的表达，帮助双方心灵与心灵之间进行神秘而又隐秘的交流。

眼睛通常是人们情感爆发的关键部位，透过眼睛传达出来的含义可以让别人轻易分辨一个人的内心情感，让别人看出他是开心还是悲伤，是真诚还是虚伪。如果一个人的眼神非常清澈明亮，敢于正视别人，那么他一定是一个坦诚之人。如果一个人的眼神躲躲闪闪，那他极有可能不怀好意。不仅如此，瞳孔的变化也能帮助我们辨识人的情感。比如，当一个人看到喜欢的东西或者有趣的东西时，瞳孔就会微微放大，而一个人如果看到自己讨厌或者害怕的东西时，瞳孔就会缩小。

眼神的变化可以表达人们内心丰富的情感，比如开心、悲伤、痛苦、愤怒等情绪，同时也能表达人们的厌恶、赞许、同情等复杂情绪。可见，仅仅一个眼神的变化，就能让人轻易识别出一个人内心的真实想法与情感。

除了眼睛之外，通过眉毛也可以识别出一个人的心理状态及变化。别以为眉毛只是可有可无的一处毛发而已，它除了保护眼睛，以及修饰人的脸部美之外，也是反映微表情的重要组成部分之一，人们眉毛的变化可以充分地表达内心的情感。比如眉毛高高竖起，表达正处于愤怒的状态，内心存有敌意；眉毛不安分地挤弄表示戏谑；眉毛轻松地舒展开来，表示心情愉悦。很多时候，人们的面部表情会被刻意抑制，不想让别人窥探内心，但却在很多细节上难以掩盖,尤其是眉毛的变化。大多数人不会把重点放在观察对方的眉毛上,所以很多时候会错失良机。

在一般人看来,眉毛或许还能够通过微小的变化反映人的内心,可鼻子变化的余地就太少了,鼻子也能够透露一个人的心理变化吗?这么想,有一定的道理,的确,鼻子很难做出什么大的变化,甚至很多时候,鼻子的动作实在太过微小,不易被察觉。但是,如果仔细观察你会发现:当人们在愤怒时,鼻孔会微微扩大;鼻翼如果微微抖动,说明正处于紧张的状态。

除此之外,嘴巴也是反映微表情的重要部位之一。嘴巴的微表情主要表现在嘴形上,由于嘴巴是最明显的特征,所以很多人在掩饰自己的内心变化时,通常会首先抑制住嘴形的变化,所以要想从嘴形上观察到一个人内心的真实想法不太容易。不过,别担心,只要是有血有肉的人,有喜怒哀乐的人,就一定有很多心理细节反映在嘴巴上,仔细观察,必然可以捕捉到。比如人们在伤心时,嘴角会不由自主地向下撇;在惊讶的时候,嘴巴会不由自主地微张;在痛苦的时候,会情不自禁地咬住下唇等。

微表情并不仅仅指人们的面部表情,还包括人们的一些小动作。人们的情感状态往往会通过一些身体上的小动作表现出来。所以当人们的情感发生变化时,人们的身体姿态也常常随之改变。这就是好像我们在表达自己的情感时,往往会通过夸张的动作和姿态来展示,以使别人相信。

人的身体语言是非常丰富的,比如一个人端端正正地坐着,看似十分平静、正常,但是他的内心很有可能正处于高度紧张的状态,所以身体绷得像一根琴弦一样直。如果一个人在座位上表现得坐立不安,不停地变换位置,仿佛座位上有一块砧板,手上还不断地做些小动作,比如撩头发、搓手,有时双脚还会不断地交叉、叠放、抖动等,这是内心焦虑、紧张的表现。身体语言往往比微表情更容易被发现,所以很多人会有意地抑制自己的身体动作,以免内心情绪波动被别人察觉，可是在很多情况下，人们越是极力掩饰就越是容易暴露出来，只要我们静下心来仔细观察，从一些细微之处入手，任何掩饰都逃不过我们的眼睛。

身体语言或许还可以想办法掩饰，一个人的声音却不可能轻易改变，尤其是当一个人内心的情感突然爆发时，声音更是难以伪装，甚至会加快自己暴露的危险。比如当一个人紧张时，他的声音就会不由自主地颤抖，说话不连贯，或者极度缓慢，想一句说一句，这种与平时说话差异较大的表现往往最能暴露情感。

声音不但能够帮助我们辨别人们的内心情感，还能帮助我们分析一个人的性格。比如，一个人的声音起伏较小，音调较低，说明这个人可能性格呆板，缺少激情；如果一个人的声调较高而尖刻，说明这个人可能尖酸刻薄；如果一个人的声音缓慢而有节奏，音调不高不低，说明这个人可能胸有成竹、温和有礼。如果一个人的声音急促而又模糊，音调时高时低，说明这个人可能做事易冲动，是个急性子。

微表情是我们观察别人内心活动的一个重要方式，很多时候，一个人内心的情感变化是不由自己控制的，甚至有的情感变化会通过生理反应展现出来，所以想要更加深刻地了解一个人，必须学会解读人们的微表情及微表情中的复杂含义。

2. 微表情与微反应的关系

当人们在受到外界环境或者情感刺激时，会不由自主地表现出不受思想控制的真实反应，这个反应是瞬间的，是人的本能，无法控制，无法掩饰，无法伪装。在心理学上，这种反应被称为“心理应激微反应”。

微反应包括三方面。一是面部表情背后的面部微反应；二是能够反映人们心理状态的身体动作，也就是微动作；三是语言信息，包括人们的声音、说话习惯等，被称为微语义，也就是语言微反应。

我们曾看过很多关于“读心”的电视剧，剧中主角拥有能够看透人心、分辨真假的能力，所有的嫌疑人在主角的观察下无所遁形。其实主角并没有超能力，他的一切读心技能都是通过观察别人的微反应来实现的。如果我们能够学会从别人的动作、表情等微反应中识别真假，就能达到“读心”的程度。

其实在生活中，我们也经常遇到需要使用“读心”技能的情况，比如在与别人交往的过程中，我们常常要通过观察他们的微反应来确定他们是真心还是假意。因为很多人都非常善于隐藏自己的真实想法，不想从微反应上泄露自己的内心，所以会很好地掩饰自己的一些反应。

在心理学的研究上，心理学家认为微反应是一种下意识的本能反应，人们很多时候无法对其进行理性的控制，微反应能够反映一个人的真正意图。通常情况下，人们大致有以下几种微反应。

(1)安慰反应

安慰反应指的是人们在遇到悲伤、恐惧、压力等负面情绪时，本能地表现出来的试图安慰自己的身体动作，属于微反应的一种。当一个人说谎时，由于压力和紧张情绪，必然会做出一些微反应的动作来掩饰自己内心的焦虑，从而缓解自己的不安、慌乱。所以当人们在对话中，出现安慰反应，说明他的内心正处在极度不舒服的负面心理情绪之中。

(2)爱恨反应

俗话说“由爱生恨”，爱与恨是人们情感中的两种极端，由爱产生的反应会希望对方也爱自己，甚至会担心对方不爱自己，从而产生很多的情绪。而恨一个人的时候，会想着让对方难受，甚至会做出一些疯狂的举动。很多时候，人们的心情和爱恨反应都有关系，身体的动作也体现了人们内心的喜爱和厌恶。

（3）战斗反应

人们出现战斗反应，通常都处于一个极度愤怒的状态。无论出于什么原因进行战斗，都是由于愤怒到一定极点或者是自己的生存受到威胁。比如同行之间的竞争，或者情敌之间的相互争斗等，这些都源于人们的生存或者所好受到了威胁，内心产生了愤怒之情，从而引发了战斗反应。一旦战斗反应出现，我们除了可以据此倒推出愤怒情绪产生的原因之外，还可以以此来判断人们的行为趋势。

（4）胜败反应

胜败反应指的是人们在战斗或者比赛之后出现的微反应。比如当一个人取得胜利时，会表现出扬扬得意、趾高气扬等情绪，而当一个人失败时，会表现出垂头丧气、闷闷不乐等情绪。战斗之后的胜败反应也可以反映出一个人的性格和状态，还可以帮助他人预测事情的最终发展。

（5）逃离反应

逃离反应指的是人们在遭遇恐惧、厌恶等情绪时，会本能地出现远离危险、寻求安全地带的一种反应。一旦负面情绪出现时，我们意识到它可能会伤害自己，而自己又无法改变现有的局面时，就会下意识地想要逃离现状，使自己的负面情绪得到缓解。逃离反应也可以说是一种逃避现实的反应，因为内心不愿意去面对解决不了的难题。而这种逃离反应很多时候也体现了人们内心的厌恶、恐惧、紧张等情绪。

（6）仰视反应

仰视反应指的是人们对于比自己能力强、地位高的人群产生的反应。通过对自己与他人之间的定位从而产生的情绪是人类的一种本能。人们对于强者的敬佩和崇拜是与生俱来的，同时对于弱者的蔑视和轻视也是与生俱来的。当人们面对他人时，从判断双方之间的能力、地位等因素之后产生的反应，我们可以分析出人们内心对自己的定位。如果一个人面对另一个人时会不由自主地产生崇拜、敬佩等情绪时，说明他承认对方是一个强者。如果一个人面对另一个人时，产生轻视、蔑视等情绪时，说明他认为对方是一个弱者，并且极度看不起对方。有的时候，人们对于强者并不仅仅会产生崇拜之情，甚至会产生排斥、厌恶等负面情绪。

(7)领地反应

每个人都有领地意识，每个人表现出来的领地反应也各不相同。在自己的领地上，人们会表现出放松、威严等反应。一旦别人侵入了自己的领地，我们就会产生强烈的警觉意识和反击意识。比如，当我们在别人的领地上自由行动或者产生破坏时，对方就会开始紧张、排斥，甚至内心开始缺乏安全感。所以当别人出现领地反应时，我们可以根据对方产生的激烈情绪来分辨对方内心的真正想法和意图。

(8)冻结反应

冻结反应指的是人们受到外界刺激、产生应激反应的同时，出现的瞬间的冻结反应。冻结反应可以让人们暂时压抑情绪的发生，帮助人们快速地看清现状，做出反应。如果在交谈过程中，对方忽然出现冻结反应，说明对方正在思考应对的方法。

了解一个人微表情之后的微反应，可以帮助我们更好更快地分辨真实信息。在与他人的交往过程中，我们不能草率地怀疑和相信对方，要懂得根据对方的微反应来判断事情的真假，从而做出正确的决策。

3. 那些我们常见的普通表情

俗话说“画虎画皮难画骨，知人知面不知心”，又说“逢人且说三分话，不可全抛一片心”。可见，很多时候，人们都喜欢掩藏自己三分的真心，只向人展示七分。我们总看到别人生活得更好，而自己却那么糟糕，就是因为别人只给你看他想给你看的部分，掩藏了不如意的一面。也许并没有什么特别的目的，只是一种天生的自我保护意识罢了。

表情，顾名思义，表达情感和情绪，它是人的思想情感的外在体现。一个人的性格特征和心理状态多体现在表情之中。

在日常人际交往过程中，表情是必不可少的交流手段，也是我们用来了解他人心理变化的指标之一。人们在无法判断真相的情况下，通常会选择借助表情来“察言观色”，揣摩对方的想法。比如，从事销售行业的职员多会根据客户的表情来辨别他们真实的购买心理，从而对症下药，消除客户心里的顾虑，解答客户内心的疑问，说出让客户高兴的话，取得客户的信任，从而帮助自己促销成功，顺利签约。再比如，人们在不同的场合，面对不同的人，便展现出不一样的性格和状态，这不是虚伪，而是应时应势而为，随机应变，一旦处于某种环境中，内心的自我保护机制自动开启，无须学习。就像我们在公司多会表现十分职业专业敬业的一面，回到家里又可能表现出懒散、邋遢及放纵的一面。这是人之常情，也是人应有的素养。

每个人面对不同的人群或处于不同的环境都有着不同的表现，但究竟表现出优秀的一面还是糟糕的一面，谁也不知道，因为世界随时都在变化，人也在变化，当然所有的事件也没有人提前安排，随时可能出现突发情况，此时，做出怎样的反应全看自己。人类是有感情有思想的动物，一旦有了思想与感情，便有了千差与万别，每一个人都是不一样的，从来没有谁完全复制粘贴另一个人的思想感情，就像世界上没有两片完全相同的树叶一样。当处于这样一个千差万别的世界中，面对千差万别的人，想要寻到情投意合的人实在不容易,想要找到志同道合的人更加难了。所以,为了追求自己的利益或者目的,人们难免要掩藏自己一部分心思,有时可能还要钩心斗角,处心积虑赢得自己的一片天。想要在这个错综复杂的社会环境之下生存下来,人们一定要用心去观察每一个细节,以免被他人所误导或者欺骗。

人们或许能够一时掩饰自己的喜怒哀乐,却很难长久隐藏自己的表情,时间一长,总会有蛛丝马迹露出来。所以,想要了解一个人就应该学会解读微表情。

当人们在受到来自外界的刺激之后,就会自动产生一种应激反应,此时出现的表情,比有意识做出的表情更加能够体现人们真实的感受和动机。微表情不经过思考,没有任何伪装,不为人们的主观意识所支配,表达人们内心最真实的感受,想要知道人们内心真实的想法就必须读懂微表情。如果你观察到一个人过度伪装和试图掩饰的表情,那么他所表现出来的信息一定是假的。

那么,如何观察微表情呢?我们已经知道,微表情包括面部表情、语言声调表情和身体姿态表情,我们可以从这三处入手。

其中面部表情主要是通过人们的眼睛、鼻子、嘴巴等面部肌肉来表现自己的情绪,其中眼神是面部表情最重要的体现,也是人们最善于隐藏的变化。

所谓微表情,就在一个“微”字上,绝大多数表情的变化都是极其细微,甚至不易察觉的。比如说人们的面部表情,就有不计其数的微妙变化,而且每一个表情变化都十分迅速,而这也是人们最真实、最准确的表情变化,它所传递的信息和情感是最有分析价值的。面部表情是所有表情中最能引起别人注意的,也是人们在未开口之前就已经泄露的情感信息。

看人首先看脸,人们的面部表情是由人们的骨骼肌肉、血管、皮肤等有机活体组成的,所以人们的表情无时无刻不在变化着。观察人们的脸部不仅是观察人们的长相,还可以从面部表情了解一个人的性格、心理、情感等。面部表情的形态主要有两类:一类是自然的、常态的;另一类是由人们内心情感支配所产生的喜怒哀乐。常态的表情一般不会泄露太多的信息,但是由于心理变化而引起的表情变化不可避免会影响到人们的情感信息,所以我们要想更深刻地了解一个人,一定要学会分辨微表情变化的内在原因和变化规律。

语言声调表情本身也可以直接表达人们的情感和心理,当人们的声音音调、语速等特征发生变化时,说明主人的内心情绪发生了变化。我们可以从一个人声音的高低、强弱、起伏等特征中领会主人的言外之意。

身体姿态表情也是人们常见的微表情之一,也是人们在交往过程中最基本的交流工具之一。人们通过头部、手足、腿脚等来表达自己的思想感情。不同的角色在不同情况下的身体姿态表情也都不相同,丰富的身体姿态表情可以帮助人们更好地了解一个人,因为人们大部分的情感和想法都体现于身体姿态表情当中。比如人们在说谎的时候,会下意识地用手触摸鼻子、搓手等;在高兴的时候会手舞足蹈、上蹿下跳;在难过的时候会垂头丧气;在悲伤痛苦的时候会捶胸顿足等。每个人在情绪发生变化的时候,总是会用自己的肢体活动来表达,所以要学会根据主人的身体姿态表情来分析一个人的真实心理。

通常情况下,人们常见的普通微表情有以下几种:

(1)愉悦

当人们想要表现愉悦的心情时,眼睛会稍微半眯,眼角微微上挑,嘴巴微张。如果感觉特别开心的话,会毫无顾忌地笑,可以看见上牙齿。有的时候,人们开心还会伴随着头向上仰,眉毛扬起。一般面部动作越夸张,人们的心情就越愉悦。人们在兴奋的时候,声音的语调非常高昂,充满笑意,显得格外活泼。

(2)悲伤

悲伤的时候,主人的声音会变得有气无力,甚至有的时候,悲伤到极致还会出现哭泣的情况。这时,人们会紧紧地皱着眉头,眉间出现严重的纵向皱纹,嘴唇紧闭。脸上毫无生气,无力地垂着,眼睛向下望,鼻孔扩张。有的时候,人们在悲伤时,头部会微微下垂,下颌会放松。

(3)害怕

当人们感到害怕或者惊惧的时候,眉头一般会上扬,眉梢会向下。额头的皱纹会加深,眼睛会大大地睁开。有的时候,太过恐怖的场景会引起人们的眼球突出,眼白部分增多,鼻孔会大肆扩张,面色苍白,甚至会出现血管突出。恐惧时刻还常常伴随着大声尖叫,主人的声音由于受到惊吓而变得更加高昂尖厉,让人感到不寒而栗。

(4)思考

当人们在思考的时候,头会略微向上抬,额头也会出现轻度皱纹,眼睛会张开望向前方,目光固定,同时嘴巴微张。如果内心有了想法,但是不知道怎样决策时,头会稍微低垂,眉间也会出现皱纹,眼睛会改由向下方望,嘴巴会紧闭。思考的时候,人们的声音也会发生改变,会变得更加迟疑,语调也会变弱。

常见的微表情有很多,那些普通的微表情也具有很多研究价值,我们不能小看任何一个人的微表情,也不能忽略任何一个人的微表情。当我们能够对人们的微表情进行详细的分析了解之后,就会发现,解读微表情是一件非常有意思的事情。

4. 如何辨识复杂表情

一般情况下,人们的表情就是真实内心的反映,脸上流露出开心,他就是真的高兴;流露出哀伤,他就是真的伤心,并不需费心地去分析。只是在一些复杂的情境下,对一些复杂的微表情，我们才需通过声音、表情、动作等进行观察和分析，了解对方内心真实的想法。

一个人可能会因为知识、阅历、能力等原因，在面对不同的情况或者环境时，即使内心波涛汹涌，外表上也能保持不动声色。甚至有的人伪装得非常高明，明明很讨厌一个人，却表现得很喜欢他；明明很喜欢一件东西，却表现得毫不在意。这些人都非常会掩饰真情实感，能够很好地控制自己的表情，不为外人发觉。但是一个人无论多么善于伪装，他们都不能百分之百地控制自己的微表情，因为一个人的微表情是由一个人内心最真实的反应所支配的，是不可能完全伪装的。观察和分析复杂的微表情能够帮助我们更快地了解一个人的真实内心，看透他的伪装，发现他的真实想法。

微表情是人类经过长期进化和遗传而留下来的一种本能反应，不受个人的思想控制，最能体现人们内心最真实的想法，即使是伪装的行为，也只能在真实的微反应之后表现出来，所以对于复杂的微表情，只要我们用心去观察，就一定能够发现真相。

对于普通的微表情，我们多数情况下都能够有所察觉。而复杂的微表情，就需要掌握一些心理学知识。复杂的微表情始终是心理学家研究的重点，旨在针对人们脸部的细微表情变化，帮助我们建立一套判定他人说法与真实想法是否一致的框架标准，从而使得人们的分析更加准确。

人们之所以一直无法有效地分析微表情的变化，被他人表现出来的情绪所欺骗，大部分原因就是人们是有思想有感情的，表情随时随地都在变化，而且都是闪瞬即逝，太过复杂，很难细致入微地分辨。

不过，别失望，没有任何一个人足够理性或者过分感性，这两种极端的情绪都不利于人们控制自己。人们在受到外界的刺激之后，所表现出来的微反应就是人们最真实的反应，无论是理性的人还是感性的人。

美国的微表情心理学家保罗·艾克曼教授认为,人类拥有六种跨种族、跨文明、跨地域的通用表情,包括惊讶、厌恶、愤怒、恐惧、悲伤和愉悦。这些常见的表情是人们在生活中出现概率最高的表情,而复杂的微表情就是根据这些普通表情所衍生出来的更加难以辨别的变化。

想要辨别这些复杂的微表情就要努力找到这些复杂情绪与微表情之间的联系,这样才能帮助我们更好地捕捉微表情。举个例子,愤怒是比较普通的情绪,但是当人们的情绪受到过度的负面刺激之后,愤怒就会衍生出很多的其他情绪,比如威胁、生气等情绪。

说了这么多,究竟什么是复杂的微表情?复杂的微表情,是指那些我们看起来非常熟悉的表情,但是与正常状态下的表情有些不一样,或者是那些自控能力非常强、善于伪装的高手刻意表现出来的表情等,复杂的表情具有一定的迷惑性和不易辨别性。

复杂的微表情变化也可以为人们所熟知,因为一旦人们的情绪发生变化,身体也会紧跟着变化。比如心跳加快、呼吸急促等。有的人表现得极为明显,有的人表现得不够明显,但可以肯定的是,只要人们的情绪发生变化,身体就一定会随之有所变化,想要辨别一个人的复杂表情,首先可以从他的身体变化上进行观察。

人体所有的肌肉运动中,都隐藏着大量的情感信息。在没有刻意地抑制或者伪装之下,情绪的发生一定会引发相应的表情,能够充分表达情绪的变化。但是在很多情况下,人们常常会口是心非地伪装自己的表情,如同戴着面具一样生活。然而只要一个人还有感情、有思想,或者说只要还有生命体征,那么,他任何一个细微的动作或表情都受命于人体的神经系统命令,具有一定的分析价值。

但是很多时候,微表情的出现却并不意味着一定有情绪的变化,因为人们多年的情感积累和人生阅历,让他们在任何环境之下都能够做出符合当下情况的表情。因此,复杂的微表情有的时候也是人们用来伪装自己的一种手段。为了最大限度地通过微表情来观察人们细微的情感和心理变化，一定要适当地对他们进行有效的刺激。有效的刺激可以进一步引发人们的真实情绪，一旦真实情绪产生，就会通过微表情传达出来，这个时候，我们就可以更加真实地了解人们的心理变化。

再进一步来说，想要准确地分辨复杂的微表情，首先要做的是具备拆分复杂表情特征的能力，能够分辨出这些复杂的表情是由哪些普通表情所衍生的，其次要熟知每一个微表情所代表的含义。这样才能为我们进行复杂微表情的分析提供帮助。

人们在伪装表情时，总是要通过事先“想”过之后，才能完全控制自己的表情，表演出自己想要表达出来的表情，这一过程虽然极其短暂，但也需要一定的时间，然后身体才能做出相应的反应，所以，复杂的微表情如果真的有情绪上的变化，那么一定是在第一时间就表达出来的，而不是要经过短暂的时间去“想”。

情绪是人类本能反映的一种，它是先于理智产生的，不受主观思维的控制，所以，如果人们的情绪到位，那么他表现出来的表情就是真表情，情绪越饱满，所导致的表情变化就越明显，无论表情多么复杂，想要分辨一个人真实的内心感受，都需要注意这种复杂的表情是否是由情绪引发的。

第二章　微动作，瞬间流露的才是真实可信的

1. 真 or 假：你的表情骗不了我

如何分辨真假？我们常常会被别人的话语或者动作所欺骗，不知道什么是真，什么是假。尤其在人际交往中，我们常常会谨慎地分辨对方所说的话到底是真是假，然而真的假不了，假的真不了，一个人的嘴巴可以说假话，但他的表情是无法伪装的。

生活中，总会遇到一些事情需要我们去分辨它的真实性，比如在谈恋爱的过程中，女生总是会在心里暗自猜测，男生对她的情意是真是假，尤其是当男生向女生表达自己的心意时，女生总是会怀疑男生的真心。甚至当我们和陌生人第一次见面时，也会在心里暗自猜测对方是不是不喜欢自己，是不是不愿意与自己相处。

人就是这样一种生物，有感情、有怀疑、有私心，对世界上的一切都有自己的看法，对任何人也不会百分之百地敞开心扉，可能有时对自己都会产生怀疑。现在我们的生活越来越复杂，对于人际关系的处理也越来越成熟，很多人都开始封闭自己的真心，戴上面具示人，不愿意向别人敞开心扉，这就使大家都活在一个伪装的世界中，不知道究竟什么是真，什么是假。

在我们周围，肯定有很多人都善于伪装自己，他们用完美的外

表和语言来掩盖自己内心真实的想法和情绪，和这样的人相处时，我们常常会被欺骗，只能看到他们的表面，无法窥探他们的内心，这样的关系是非常危险的。人只有真诚地面对彼此，双方之间的关系才能维持长久，如果一直生活在别人的欺骗与隐瞒中，对于双方的友好关系维持是非常不利的。

那么如何才能分辨真相，了解什么是真，什么是假呢？心理学家研究表明，一个人即使想要刻意掩盖自己的内心，故意做出让别人相信的姿态，但在表情上总会露出破绽。因此在分析真心与假意时，我们一定要注意仔细观察对方的表情，从而揭开真相。

心理学家通过研究发现，人们在交流过程中，当面部表情出现不对称的现象时，通常可以判断此人在说谎。所谓面部表情不对称指的是，一个人一边脸的表情与另一边的表情出现偏差，就说明他的情绪表现并不是真实的。

举一个简单的例子，笑容可以说是最容易判断一个人的情绪表现是否真实的方法之一了。当一个人在微笑时，如果他的两边嘴角同时上扬，眼睛弯弯的，这说明他的笑容是真实的。人们在微笑时，面部的颧骨肌和环绕眼睛的眼轮匝肌会同时收缩，如果他的笑容是发自内心的，那么他就会顺应脸部肌肉和神经的变化，自然地做出反应。如果他的笑容是伪装的，那么就说明他的脸部肌肉和神经并没有工作，就会出现两边不对称的情况。

人的很多生理反应并不完全受自身控制，当我们真心实意地想要微笑时，意识并不能支配我们的生理反应，只能顺应其发展，所以面部会呈现自然的微笑。相反，如果一个人并不是真心实意地微笑，他的面部表情只能由自己支配，从而会出现对称偏差。

所以想要知道一个人的情绪表达是否真实，首先要观察他的面部表情是否对称。这是一种分辨真假的重要方法。即使是一个表情伪装的高手，假表情与真表情之间也是存在差别的，只要我们注意仔细观察，就能找出蛛丝马迹。

除了从面部表情是否对称来辨别真假之外，还可以从表情的持续时间长短来辨别。通常情况下，真实的表情持续的时间都非常短暂，这是因为人们的内心情绪就发生在一瞬间，维持的时间也极为短暂，那么，很自然地，对应的表情出现的时间也非常短暂。除非一个人的情绪达到了顶点，异常的激动或者愤怒，这个时候他的情绪持续的时间会稍长一点，对应的表情维持时间也稍有延长。但是，即使在这么极端的情况下，人们的表情维持时间也是有限度的。

所以在观察对方的表情时，我们可以从表情的出现到消退的时间来判断其真实性。比如，当我们在和对方讲述一件非常令人震惊的事情时，对方表现得极度惊讶，眼睛睁大，嘴巴微张，但是差不多一秒钟的时间就恢复了，这说明对方表现出来的惊讶是真实的。因为惊讶的情绪出现与消退是非常短暂的，大概维持一秒。如果一个人表达惊讶情绪时，维持时间过长，那么他的惊讶就是伪装出来的，有可能他的内心并没有感到惊讶，或者他已经提前知道了真相，生理上无法做出惊讶的表情，只能自己伪装出惊讶，但是就像人的生理反应很难控制一样，人的生理反应也很难模仿，所以在时间的把控上，伪装的人会露出明显的破绽。

由此可知，真实的表情从出现到消退是一个非常短暂的过程，如果人们的表情维持时间太长，我们就能由此判断，他的表情一定是虚假的表情。

还有一种判断表情真假的方式，就是表情的相对顺序。相对顺序指的是，当一个人在表达悲伤或者愤怒等情绪时，他的言语和他的表情应该是同步的。比如一个人在大喊："太可怕了！"这是他在表达自己内心的惊恐，与此同时，他的面部表情也会做出相应的反应，比如瞳孔放大、面部肌肉颤抖、嘴唇大张等。如果他在大喊的同时，脸上没有惊恐的表情，反而是在喊出话以后，才做出害怕的样子，那么这个表情就是虚假的表情，他的内心并没有感到害怕，只是在欺骗别人而已。

事实上,任何人的表情和动作都可能会刻意地伪装,但伪装的表情和真实的表情总是会存在细微的差别。如果我们想要了解一个人的真实心理状态,辨别他是真心实意还是虚情假意,就必须观察入微,寻找蛛丝马迹,不放过任何一个细节的变化。

2. 安慰行为效应:小动作"出卖"你的内心

当人们感受到紧张或者压力时,会不自觉地触摸自己的脸部、颈部等部位,这种行为的发生源于人们自我安慰的心理,而这种行为在心理学上被称为安慰行为。如果一个人做出了这些小动作,说明此时正经受着压力、痛苦和紧张等情绪,这些情绪使他出现安慰行为。

当我们经历了一件令人悲伤或者危险的事情之后,自身会下意识地产生自我安慰动作。这个时候,人们为了安慰自己而做出的一些行为在心理学上被称为"安慰行为效应"。这种现象在我们的日常生活中经常发生,比如在悲伤的时候,我们会蹲下身子抱住自己,这就是一种安慰行为。

人们安慰自己的方法有很多,比如在婴儿时期,常常能看到婴儿不由自主地吮吸手指,这其实也是一种安慰,婴儿在面对自己未知或者还无法理解的人、事、物时,由于紧张和茫然而产生下意识的安慰行为,以此来保护自己。有的人还喜欢咬铅笔头,其实也是一种安慰行为,只是很多时候,人们没有意识到这样的行为代表了什么,大多数人也不会注意到这些细节问题,其实这种行为往往能够证明一个人的内心和情感的重要变化。

一个人出现安慰行为时,就会泄露自己的想法或者心情,而这些小动作也会出卖你的内心,告诉对方,此时此刻,你可能正感到紧张或者害怕。总之，安慰行为出现就预示着，此人内心极度不自在，或者产生了某种消极反应。因此，想要读懂一个人的内心真实情感，就要注意到他们的一些细节行为，从这些行为中，来分析他们的真实想法。

安慰行为的类型有很多，不同的性格或者环境都可能影响人们的行为。通常情况下，大部分人在自我安慰时，都会情不自禁地抚摸自己的脸部或者颈部等部位，但是有的时候，也要注意其他细节。一般来说，安慰行为发生时，有以下几种形式：

(1)脸部安慰行为

在人们感受到压力或者紧张的时刻，最常做的动作就是摩挲前额、抿嘴唇、理头发、搓下巴等，通常触摸脸部是人们舒缓压力或者排解紧张情绪的常用方法之一，大部分人在需要自我安慰时，都会优先做出这样的动作。

有的时候，人们还会用深呼吸，或者鼓起两腮、重重吐气来达到安慰自己的效果，而这种脸部安慰行为也是非常明显的动作。基本上，如果一个人在自我安慰时，做出触摸脸部的行为是很容易被人发现的，也是我们观察别人内心情绪时，第一时间会注意到的行为。

(2)颈部安慰行为

颈部安慰行为是安慰效果最明显，也是相对常见的行为，人们通常为了快速达到自我安慰的目的而频繁地触摸自己的颈部。但是在触摸颈部部位的习惯上，男女之间有着非常明显的差别。

男性在触摸自己颈部时，力度一般较大，他们会用力抓住自己下巴以下的位置或者捂住下巴以下部位，以达到强烈刺激神经的目的，从而降低自己的心率，令自己快速冷静下来。有的时候，男性也会用手指按抚脖子两侧和后侧部位，或者利用矫正领带和领口的行为来达到安抚自己的效果。

女性在进行自我安慰行为时，通常会用手掩盖或者轻拍自己的胸骨上切迹，胸骨上切迹是指喉结和胸骨间的浅凹部位，也可以称为颈窝。当女性产生紧张等情绪，需要安慰时，就会情不自禁地用手触摸这个部位，以逃避自己内心的消极情绪。

有的时候，女性在触摸自己的颈窝时，会用左手托住自己的右手肘，当情绪被安抚之后，右手会渐渐放低，并且逐渐感到轻松，然后抓住自己的左手臂，当内心的情绪再次紧张之后，右手又会立刻回到颈窝位置。

颈部安慰行为也是一种非常常见的行为，通常我们观察人们在颈部的安慰动作，可以辨别出对方是否说了谎话或者是否隐瞒了某些信息。

(3)搓腿安慰行为

搓腿动作也是一种安慰行为，但是却常常被人忽略，因为人的双腿通常会被掩藏在桌子底下，无法观察到。还有的时候，人们会认为搓腿是一种习惯。其实搓腿也是一种强烈的自我安慰行为，并且非常常见。

当人们在紧张的时刻，会不由自主地反复搓腿，以此来消除内心的紧张情绪，掩盖自己内心真正的想法。

(4)声音安慰行为

除了以上这些触摸行为之外，人们在遇到威胁或者紧张时，还会通过声音来进行自我安慰。我们常常会看到，当一个人内心开始紧张，或者一个人处于陌生环境时，会开始喋喋不休，不停地说着话，甚至有的话语毫无逻辑，这就是一种自我安慰的行为。

在进行自我安慰时，人们的触觉和听觉是可以同时使用的，比如一个人在触摸脸部或者颈部等部位时，常常会伴随着自言自语，或者一个人压力较大时，会用手指在桌子上打着节拍，这些都是通过声音来进行自我安慰行为的表现。

观察人们的安慰行为可以帮助我们更好地了解一个人的真实情感。当人们出现安慰行为时，就是他们的身体发出了信号，而我们只要注意观察这些信号，就能准确地分析判断出他们的内心状态和情绪。

安慰行为的出现就像在给我们发信号，我们要做的就是成为一名身体姿态表情的解读者，通过对人们安慰行为的分析，从而了解他们的想法和情感变化，帮助我们更好地判断当前的局势。不仅如此，安慰行为还可以帮助我们与他人之间进行良好的互动和沟通，让彼此之间的距离更加亲近和友好。因此，我们要学会从一个人的安慰行为去逐步了解他的内心和情感，让双方可以更好地交流。

3. 点头？摇头？你能准确说出它的意思吗

从字面意思来看，点头就是“同意”，摇头就是“拒绝”，但事实真的是这样吗？可能在很多情况下，点头代表着拒绝，摇头代表着同意，不过，你这样想就太简单了。想要准确地解读点头和摇头的意思，不能直观地从动作上理解，还要学会深刻地了解点头和摇头背后的意思，这样才能搞清楚点头和摇头真正的含义。

我们常常看到这样的情况：在恋爱中，男生一脸小心翼翼地询问女生“你是不是生气了”，但是女生不说话，只是摇了摇头，这时，大多数男生就会认为没什么事，女生没有生气，一切正常。因为摇头代表了否定，于是自以为是地觉得雨过天晴，结果转头女生就提出了分手，男生一脸茫然，不知所措。

由此可见，摇头并不一定在表达否定的意思，很多特定的情境下，摇头甚至代表着肯定，如果不能真正了解点头和摇头背后的真正意思，有可能会犯下意想不到的错误。

大脑是智慧的来源，也是人们语言和动作的指挥官，人们所有的表情和动作都受到大脑的意识影响，因此头部是人们最重要的部位。可以这么说,头部所表现出来的表情和动作是最接近人们内心真实情感的,想要观察一个人是否真诚,从头部的表现来获得信息是最为准确的。

心理学研究表明,人们的头部动作与内心活动的变化有着非常紧密的关联。比如在交谈的过程中,当对方的头偏向一边,表示对方对谈话的内容非常感兴趣,听得很认真,同时内心在不断地思考。

如果对方的头保持不动,则说明对方对谈话的内容没有太大的兴趣,并且对谈话内容保持中立态度,不愿意发表自己的看法,甚至内心对谈话内容隐隐存在着一种审视的态度,所以面对这样的情况,不要让对方发表一些决定性的看法。

如果对方在谈话过程中,一直低垂着头,不愿意直视他人,说明对方对谈话的内容不感兴趣,或者持反对态度,想要通过这种逃避的方式来回避他人的目光,隐藏自己的真实想法。

头部往前倾,目光直视他人,这是一个具有侵略性的动作,会给他人造成一定的心理压力,而对方做出这样的动作,是为了释放出自己的威压,或者命令他人。

头部向后倾,同时身子往后仰,这是一种无奈、退让的态度,说明对方不想再继续争论或者争夺,代表着一种下意识的逃避和放弃。但同时,这样的动作还代表着一种如释重负的情绪,比如刚刚完成一件非常重要的任务,挽回了损失或者解决了某个难题,会突然放松下来,头部自然而然地向后仰。

头部是我们身体最重要的部位,人的一切情感或想法都是通过大脑思考来完成的。心理学家认为,头部的动作隐含着无数的密码,如果能够仔细地了解头部动作的含义,那么在人际交往中,我们就能轻而易举地了解到人们内心的心理活动。通常情况下,头部的动作与其代表的含义有以下几种情况:

(1)点头

点头是一种表示赞同的动作,但有的时候,点头并不一定代表着同意,想要判断对方点头的真正含义,还要根据对方的微表情来分析。如果对方在点头的时候,满含笑意,露出赞赏之色,说明对方是真心实意地赞同,如果对方点头的频率非常频繁,看起来漫不经心,说明对方其实是在敷衍,内心或许并不赞同。

头部微微上扬然后下巴轻点,这是一种支持的态度,对方想要表达的意思是“你说得不错,继续说下去”。如果头部上扬的动作非常快速,而后又缓慢地恢复原来的位置,说明对方听到了一个令自己豁然开朗的消息,是一种猛然醒悟的行为表现。

(2)摇头

摇头和点头一样,很多时候不一定代表着否定。在谈话过程中,当对方坚定地把头转向一边,然后迅速回归原来位置时,这种单向的摇头代表着否定的意思。当对方在听到某个话题或者结论时,头微微向一边倾斜,这是一个自我思考和判断的动作,有的时候,这个动作也表示询问。如果在谈话过程中,对方不断地摇头,并且伴随着嘴巴微张,说明对听到的消息感觉震惊,难以置信,以致虽然内心已经相信其真实性,但是情感上却不愿意相信。

(3)抬头

当对方在低头做某件事情的时候突然抬头,说明对方对谈话内容很感兴趣,这是一种投入情感的行为。如果对方做了这样的动作,我们要趁热打铁,继续谈话内容。如果对方一直没有抬起头,说明他对谈话内容并不感兴趣,甚至这种行为是一种变相的拒绝行为。

(4)头部高高抬起

如果在谈话过程中,对方将头高高抬起,代表着对方是一个非常高傲的人,这个动作表明他极度自信,同时也表明对他人的轻视。另外,对方在做出这样的动作时,还会伴随着打量和审视,也表示对方的警惕性极高。有的时候,这种动作还代表着挑衅的态度,尤其是面对比自己强大的对手时,对方为了增强气势,会情不自禁地抬起头,以表达自命不凡和高高在上的姿态。这个动作很容易引起别人的反感,所以在人际交往中,不要轻易摆出这种姿态。

4. 握手,你的心理我了解了

握手是社交关系中最常见的一种礼仪。当我们与人交际时,握手代表了我们的友好亲近之情,同时握手还有寒暄告别之意,以及对他人的感谢或者慰问等。很多人知道握手是大家常用的礼仪之一,但是很少有人知道,通过握手,也能够观察到对方的心理活动。

握手的礼仪源于原始社会,那时食物匮乏,人类必须不停地狩猎才能维持生存,所以手中的武器从不会轻易放下,以便随时防备野兽的攻击。如果看见与自己对立的种群或者野兽,人们就会迅速举起手中的武器进行攻击。如果双方之间心存善意,大家就会暂时放下手中的武器,伸出一只手来互相触碰,以表示自己“放下屠刀”,没有伤人之意。久而久之,这种触摸双手的形式就逐渐转变为握手礼仪,其中代表的友好亲近之意也随之流传了下来。

在我们的日常交往中,经常会遇到握手的场合,握手看起来是一件简单的事情,但其中也有很多的礼仪讲究。通常情况下,握手要遵循从高到低、从尊到卑的顺序,比如主人家、长辈、上司以及女士要先主动伸出手,然后客人、晚辈、下属、男士才能握手。握手的顺序一定要注意,否则会让对方感到不受尊重。

一般握手都要用右手,在与对方手掌相触时,要握住对方的手,并且保持1～3秒,时间不宜过长也不宜过短。如果握手双方的关系一般或者是陌生人,时间可以稍微短暂一点,如果对方身份尊贵,或者关系亲密,时间可以相对加长。有时,为了体现双方之间的友好关系及相逢的喜悦,握手时还会轻轻摇晃两下。

在力度的把握上,可以稍微紧握住对方的手,然后快速放开,不能只用手指的部分或者漫不经心地触碰,这些举动都是不礼貌的。

握手时,如果身份低于对方,要同时微微欠身,以表自己的尊敬之意。有的时候,为了体现自己的尊敬,还会选择两手迎握。而男士和女士握手时,一般轻轻握住手指部分,在握手时,要及时脱帽。

握手时,要注意自己的面部表情。握手是一种传达友好之意的行为,从握手的种种习惯和方式中,双方可以清楚地感觉到彼此的真诚。所以,为了表达自己的友好与真诚,不能与多人同时握手,更切记不要交叉握手。

有的人在与别人握手时,会东张西望,或者触碰一下就缩回手,这些都是不礼貌的行为,甚至会让对方感到受了侮辱,而后影响接下来的交往。有的时候,握手的礼仪没有掌握好,还会让别人怀疑你的真实动机,对你的信任越来越少,从而影响到自己的利益。

不论在任何情况下,我们在握手时都要谨遵良好的握手礼仪,尤其不能拒绝对方主动要求握手的举动,这样会暴露自己傲慢的心理,引起他人的反感和不适。如果手上有东西,或者不方便,要及时解释并致歉。

握手时不能戴手套,如果要握手,一定要事先脱掉,这是基本礼貌。但有的时候,女士在参加晚会佩戴长手套时,可以不必脱下手套。

虽然握手是一件非常简单的事情,但是在心理学上,握手时的习惯有以下几种含义:

(1)攻击型握手方式

在握手之前,会先和对方对视片刻,紧紧地盯着对方的眼睛,给人造成一种无形的压力,并且在握手的过程中利用手腕的翻转,将自己的手掌压在对方的手掌之上,这是一种明显带有攻击性的态度。这种握手方式代表主人拥有强大的攻击性及控制欲,他们想在气势上首先压倒对方，给对方一个下马威。

(2)舒适型握手方式

握手时面带微笑，手掌的力度拿捏得正好，让人感觉非常的舒服。这种握手方式是在释放自己的友好，同时又不显得谄媚。而这类人一般做事有进有退，非常有条理，是交际高手，既不会得罪别人，也不会贬低自己，八面玲珑，左右逢源。

(3)保守型握手方式

握手时，手臂微微向后缩，不愿意伸长，扭扭捏捏，好像怕被对方抓到一样。这种方式表明无法向对方敞开心怀，甚至隐有拒绝之势。这类人一般做事比较畏首畏尾，不愿意大大方方地面对外人，在人际交往中通常处于弱势群体，过于保守，不愿意尝试主动接纳别人。

(4)大力型握手方式

在握手时，用力握住对方的手，甚至有意让对方产生疼痛感，这种行为不仅是一种不礼貌的行为，还含有挑衅的意思。这类人一般都比较骄傲自大，他们想要让对方关注自己、臣服于自己，一切都按照自己的意愿行动。如果面对的对手强于自己，这种握手方式还有故意挑衅对方的意思。

(5)无力型握手方式

握手时，手掌无力，甚至不敢过多地触碰到对方，对方感受不到一点力气，这种握手方式说明主人严重缺乏自信，在一定程度上，面对社交有些许逃避心理。这类人做事情时，通常会知难而退、临阵脱逃，对待生活过于悲观，没有进取心。

握手通常是双方表达情感和友好的一种基本礼仪，通过短短几秒的时间，双方互相释放好感，为以后的交际奠定基础。但同时，从握手的力度、习惯、神情等方面，又可以让我们感受到对方的性格，了解对方是真诚还是虚伪，是积极还是消极，是热情还是冷淡。握手并不仅仅是简单的礼节，当手和手进行碰触的时候，双方之间的无声交流就开始了，它能传递出我们想要传递的友好信息，也能让我们感受到来自他人的不善信息，即使我们尚未开口，也能在瞬间了解到我们想要知道的信息。

5. 吃货不容易，暴露真性情

俗话说：民以食为天。吃饭是人们维持生命的必需，对我们而言是再平常不过的事情。平时，一般人也不会特别在意别人是怎样吃饭的。其实，吃饭不仅仅能够为我们补充体力，而且，每个人不同的吃饭习惯与饮食偏好，反映着不同的性格特征和心理状态。

在生活中，朋友之间、客户之间、上下级之间，想要联系感情，大多数选择去吃饭，甚至很多重要的信息交流也都是在饭桌上进行的。为什么简简单单的一顿饭，就能让心存隔阂的关系和好如初，竞争激烈的生意就能顺利进行呢？吃饭是一件很重要的事情，但同时又是一件很简单的事情，在吃饭时，大家都会不由自主地放松警惕，全身心地投入美食的享受之中，把一切烦恼和戒备都抛掉，自然而然，对方身上的弱点也会随之泄露出来，被别人抓住，从而快速击破。而很多人之所以能够在饭桌上找到对方的弱点进行攻击，就是因为人们吃饭时的形态和习惯，透露了每个人不同的性格和心理。

有的人在吃饭时，狼吞虎咽，风卷残云，饭菜刚刚端上桌就火急火燎地伸筷子，恨不得三口两口吃下去，好解决肚子问题，却不想浪费时间享受当下美食、享受休闲时光，只是认为吃饭是满足生存需要。这类人，性格一般都比较急躁，脾气也非常大，但是他们也具有难得的优点，那就是从不会故作姿态，不管面对谁，都会真实展现自己，坦率真诚，毫不掩饰。

而有的人相对于吃饭更喜欢做饭，在做饭时，边做边尝，而正式开餐时，反而吃得很少，不会和其他人抢，这类人一般性格比较温柔，乐于奉献，喜欢照顾别人，看到大家喜欢吃自己做的饭菜，反而比自己吃还要开心。

有的人在吃饭时，由于忙其他的杂事或者工作，等到过了吃饭的时间之后，又急匆匆地随便吃一点，甚至有的人会在上班的路上一边走一边吃，这类人生活比较忙碌辛苦，没有固定的吃饭时间，但是这种习惯也表明，他们缺乏自律意识，不能很好地安排自己的时间，做事也缺乏条理性和规律性，常常想到什么做什么，个人自控能力较差。

有的人喜欢吃饭时做其他的事情，比如看电视、听音乐等，很多人认为这种吃饭习惯非常不健康，尤其是那些注重培养孩子用餐礼仪的家长，坚决让孩子改掉这样的坏毛病，不允许他们在吃饭的时候做其他事情，因为家长认为一心多用是不值得提倡的。其实这样的行为反而有利于激发孩子内心深处的想象力和创造力。成年之后，这类人往往想象力丰富，心里有着无限的梦想，有这些习惯的人，大多思维敏捷，具有很强的时间观念。

有的人不喜欢一个人独自吃饭，每逢亲朋好友聚会，总是积极参与，混迹于各种各样的饭局间，这类人看起来左右逢源，人缘极好，朋友遍天下，但其实他们内心非常害怕孤独。他们不是善于交际，留恋繁华热闹，而是想要和更多的朋友在一起，他们比一般人更渴望陪伴、交流，不愿意一个人独处。

有喜欢热闹的人，也有喜欢清静的人，有的人喜欢聚餐，有的人喜欢独自吃饭。喜欢一个人吃饭的人，要么是本身没有机会或时间与他人共餐，要么就是本身不爱热闹，喜欢安静的氛围。如果有人长期且刻意选择独自用餐，即便有人约也从不接受朋友聚餐，这类人的性格多为冷淡、孤僻，而且警惕性非常高，不会轻易接受别人的好意。

每个人吃饭的习惯和喜好都是不一样的，从吃饭的习惯上我们可以分析人们不同的性格，其实从人们吃饭的动作上，我们也能分析出人们的性格和心理。心理学家研究表明，不同的饮食动作也能反映出不同的性格特征，甚至还能反映出之前的生活背景、经历。

吃饭的时候，大口大口地吃，甚至来不及下咽，也要不断地往嘴里塞，这类人，大多数是因为从小家境贫穷，或者有忍饥挨饿的经历，但是，有过这种生活经历的人，工作起来积极肯干，绝不惜力。

吃饭的时候，浅尝辄止，一小口一小口地吃，这类人通常有非常好的餐桌礼仪，性格谨慎保守，在工作中多为循规蹈矩，墨守成规，没有冒险精神。如果吃饭的时候过于扭捏，需要别人不断地邀请，不好意思主动吃菜，或只吃眼前一盘餐，则说明这个人十分胆小，性格偏向自卑。

吃饭的速度比较慢，讲究细嚼慢咽，每一样食物都要慢慢品味，有条不紊，说明这类人比较有耐心，而且非常注重过程、形式，性格上比较严谨，乐于享受生活，但也爱挑剔。

老话说“食不言”，在吃饭时，不喜欢说话的人，通常做事非常认真，遵守规则，无论是在工作中还是在生活中，都不会过度干涉其他人和事，有自己的想法和坚持。但是也有的人喜欢在吃饭时高声谈论，这类人大多不拘小节，性格大大咧咧，有一说一，不会拐弯抹角，但同时，他们容易冲动，不服管教，脾气急躁，做事不计后果。

除此之外，人们的饮食口味与性格也有很大的关系。心理学研究证明，人们的口味不仅仅与地理位置以及气候有关，与其饮食口味同样有着密切的关联。

人们常说，北方的人喜欢吃面食，所以很多人认为北方的人大都性格豪爽、脾气暴烈、热情如火，不过这种结论只代表了一部分北方人而已。其实喜欢吃面食的人还有其他性格特点，比如他们大多都能说会道，在与人交流时，常常口若悬河，绝不冷场，但也存在一定的缺点，他们可能做事不考虑后果，遇到困难时会轻易放弃，容易丧失信心。

喜欢吃大米的人，性格上多表现得过度自信，经常陷入自我陶醉的境界，而在处理事情上有条有理，井然有序，性格圆滑通融。但是这类人注重个人英雄主义，所以团结互助精神相对较差。

吃饭的习惯与我们的性格有千丝万缕的关联，这一点在我们的日常生活中早已暴露无遗，只是很多人忽视了这种关联，或者说从来没有用心观察过。假如我们能够在吃饭的过程中，分出一部分心思来观察他人的习惯和喜好，会发现很多有意思的事情。但同时，如果我们不想轻易被别人看透，那就要学会掩饰自己的饮食习惯和口味。

6. 手臂躯干动作，说明我们的熟悉程度

当我们在遇到危险或者感到身体不适时，或者当我们的情绪或者心理状态发生改变时，肢体会下意识地做出相应的动作，进行自我保护，或者做出攻击的姿态。熟悉的人与陌生的人接近我们的时候，我们的反应也不相同，这不仅说明彼此之间的亲近程度，各自是否有安全感，还体现着更多的情绪与感受。

人体躯干的很多行为其实都与我们的心理变化有关，就像其他的肢体微动作一样，都是依靠大脑的信息传达做出的反应。因为躯干里包含着心脏、肺、肝脏等重要的生命器官，当我们受到威胁或者挑战时，大脑就会自动地、快速地运转，帮助我们远离这些危险，从而使身体做出相应的应激反应。

一个人的躯干会发出很多种信号，有的很明显，能够一眼看穿，也有的很微妙，需要细心观察才能发现。无论是什么样的反应，都

源自本能。

(1)躯干倾斜

人们在与人交谈或者相处的过程中,躯干会稍微倾斜,远离谈话对象这一侧,或者只是略微将身体转向其他方向,换一个角度面对谈话对象。这种情况说明对方并不太喜欢当前的谈话,或者是觉得有压力,不愿意面对谈话对象,或者认为靠得太近,有心理压迫感。

如果对方的腹侧远离谈话对象,或者稍微偏离,说明对方内心里对谈话对象感到厌恶,不想靠近。腹侧如果正面相对,不刻意保持距离,说明对方对谈话对象很有好感。

这是因为,人的腹侧内部有很多重要的器官,这些器官有的非常隐私,所以它们对于喜不喜欢一个人表现得非常明显。当我们喜欢一个人的时候,腹侧就会倾向于这个对象,表达我们的喜爱;当我们讨厌一个人,或者遇到什么危险时,我们的腹侧就会远离这个对象,腹侧否决的行为就会出现,表达我们的厌恶之情。有的时候,面对不喜欢的人、事、物,我们会直接转身离开,这也是一种腹侧否决行为。

(2)躯干保护

与腹侧否决相对的就是腹侧展示行为。比如,当我们看到喜欢的人向我们走过来时,会下意识地将那些阻拦在彼此之间的东西移开,不让喜欢的人受到伤害。这种情况,就是一种躯干保护动作,人们利用自己的双臂来为喜欢的人隔开一切危险的东西,筑起一道堡垒。还有一种情况,人们也会用躯干动作来保护自己,比如,在某些情景之下,面对自己害怕或者不喜欢的人、事、物,却不能主动远离或者转身离开时,人们也会下意识地用手臂或者其他事物来隔离令自己感到不舒服的事物。

(3)躯干弯曲

躯干弯曲的动作其实是一种表达自己谦逊或者对他人的尊重的行为。比如,在面对令自己敬佩的人,或者致敬、感恩时,人们总是会弯腰致谢。这个动作是一种跨语言、跨地域的行为，在全世界的含义都是一样的，任何人都看得懂。

但是有的时候，躯干弯曲也有可能是阿谀奉承的表现，如果有人向我们做出这样的动作，我们应观察他们脸上的表情，以分辨他们是真心实意地想要表达自己的敬意和尊重，还是阿谀奉承、故作姿态地谄媚。

(4)躯干伸展

躯干伸展是一种非常舒适的状态。当人们在谈论一些非常严肃的事情，或者是在一些重要场合，如果做出这样的动作，其实是对他人权威的一种漠视。比如，在我们青少年时期，往往会和家长针锋相对，当受到父母的责罚或者质问，却不愿意如实相告时，我们就会摆出这样一副姿态，四肢伸展开，坐在椅子上以示抗议。

在人前，或者别人说话的过程中，躯干自由伸展是一种非常不礼貌的行为，也是一种不尊重他人的行为，是不可取的。如果我们在和别人的谈话过程中，对方四肢伸展，故意瘫坐在椅子上，很明显，对方对我们说的话不感兴趣，因为他们的躯干动作已经摆出了一副漠视和不屑的态度，这个时候，我们要尽快结束谈话。

(5)挺起胸膛

和其他生物一样，人类在表达自己的权威或者坚守自己的领域时，也会不由自主地挺起胸膛，露出躯干，做出战斗的姿势。比如，正在吵架的两个人，他们在争吵的过程中，会刻意保持双方之间的距离，然后挺起自己的胸膛，露出躯干，一方面是担心对方会突然发起进攻，适当的距离可以有效地保护自己的安全，另一方面可以快速地发起攻击，占据主动权。

当我们和别人起了争执，或者意见不合的时候，对方会突然警惕起来，比如忽然坐直身体，肌肉绷紧，或者忽然整理衣服，这其实就是一种主动攻击的状态。对方露出自己的躯干，就是一种试图掌控全局，或者在必要的时候主动发起攻击的行为。所以，如果在某些情况下，我们发现对方做出以上的动作，就要小心了，以免他们主动发起攻击。

(6)收缩肩部

如果在交谈过程中，对方慢慢地将双肩提到与耳朵齐平的高度，看起来就像乌龟把头缩进去一样，这样的行为表示对方其实缺乏信心，没有安全感，或者对当前的状态感到非常不自在，想要逃离。假如我们遇到这样的情况，就要注意多观察他们脸上的表情变化，尽量安抚他们的情绪，因为他们可能正需要别人的肯定。

人体躯干中的每一个器官作用不同，却各司要职，缺一不可，这些器官又非常敏感，对情绪变化把握得十分准确，警惕性也很强，所以一旦人们的内心想法发生变化，就会通过大脑的传输，反映到躯干上。对于人们不喜欢或者不熟悉的人，躯干会自动远离，对于喜欢的或者比较信任的人、事、物，会不由自主地靠近。所以，想要知道双方之间的关系是否熟悉，只要用心观察对方的躯干变化，就能轻易地知道双方之间的熟悉程度。

第三章　相由心生，面部如何传达情绪

1. 解读微笑：笑并不一定代表开心

微笑是一种没有国界、没有隔阂的语言，是一张全球通用的名片，传递着主人诸多的情感。在心理学家看来，微笑不仅仅是一种脸部表情，更是情绪和心灵的外在体现。当一个人向我们投以微笑，代表着对方的善意与示好，也流露出内心的愉悦之情，但是有时候，微笑并不一定表示开心。

笑，有很多种，有的笑容代表友好，有的笑容代表冷漠，有的笑容代表嘲讽，不同的笑容代表不同的含义，而不同的人笑的习惯也不相同。即使是同一个人，在不同的场合和氛围之下，笑容的含义也大有区别。

人与人在相处过程中，如果看到对方的微笑，内心就会感觉安全、舒服，自然就愿意与对方亲近，但是很多时候，对方向我们展示微笑，并不意味着他内心真的感到喜悦，或许他只是为了表示礼貌，或许他有求于你不得不保持礼节性的笑容，或许他是一个懂得隐忍、不喜外露悲观情绪的人，或许还有更多不为人知的原因。因此，当你意图了解一个人的心理状态时，一定要学会察言观色，分析细微的表情变化，找出微笑背后的真正意思，这样才能帮助我们准确解读他人的内心情感，把握他人传递的信息。

法国著名的心理学家葆拉·尼登塔尔从事解读人们的面部表情工作多年，意外地发现，人们似乎对微笑的科学解释并不感兴趣，并且在这方面的心理学解释少得可怜。但是，葆拉·尼登塔尔坚持认为，微笑并不仅仅是流于表面的东西，不光是脸部肌肉的收缩，它附着于一个有血有肉的身体，本身便有了用语言无法表达清楚的内涵。也就是说，微笑是人们内心情感的体现，人们的面部表情呈现出微笑的样子，让别人看到后也感觉开心。当我们感觉快乐时，即使内心可以刻意压制，但表情却会不由自主地流露出来，你自认为隐藏得很好，其实，细微的微笑表情已经出卖了你的真实情感。

微笑有多种表现形式，有时是咧开嘴角，露出整齐的牙齿，有时是双唇紧抿、嘴角轻扬，有时是眼睛眯起、下巴抬起，但是心理学家认为，这仅仅是人们面部表情的一种表达方式，出现这样的表情，并不一定意味着真正的开心。

人们通常认为，微笑一定源于快乐，人们越快乐，颧肌主要肌肉群的收缩就越强烈，但是这种生理表现并不能说明微笑一定就代表着开心。因为研究表明，当人们感到悲伤或者愤怒时，相同的肌肉群同样会剧烈地收缩。所以，还是那句话，仅凭人们的微笑，无法决断主人究竟是开心还是悲伤。

除了开心之外，心理学家观察发现，人们在尴尬时也会微笑，一般这个时候，多半耷拉着下巴、缩着脖子；另外，人们在表达胜利或者优越感时，也会微笑，但是多半抬起下巴、蔑视他人。

现在很多心理学家都在对人类面部表情与心理之间的关系进行研究，尤其是笑容方面，一直是心理学家关注的重点之一，甚至有的心理学家还专门建立了一个有关微笑的科学模型，想要了解微笑的起源以及如何感知微笑。

葆拉·尼登塔尔表示，人类的大脑通过三种途径来区分微笑。第一种途径是对比一个人的脸部与标准微笑之间的差别，以此验证此人是否微笑;第二种途径是通过对人们所处的环境来判断面部微笑;第三种途径是通过模仿来识别微笑。

在研究中发现,模仿激活的大脑区域大部分与微笑时大脑活动区域相同,这表示人们在表现出微笑时,有可能并不是真心实意的笑容,而是通过模仿来完成微笑。

当一个人可以模仿标准的微笑时,我们稍不注意便会轻易中了圈套,认为他的内心和他的笑容表现一致,所以想要真正判断一个人是开心还是悲伤,不能只看他外露的笑容,还要懂得分析他的心理状态,分析他的真实情绪。

通常情况下,不同类型的笑容表现出不同的含义,同时也代表着不同的心理反应。

1)一般情况下,不露齿,不出声,非常安静,只是面带笑意,微微一笑的表情,可以称为含笑。含笑是一种笑意表达不太明显的笑。这种笑意代表对方对我们产生了好感,并且是一位非常有礼貌,且尊重别人的人。

2)如果是抿着嘴笑,这种笑看起来非常的有礼貌,但也是一种距离感和陌生感的体现。有的时候,抿着嘴笑还代表着自己对此事已有预感,在等着看笑话,会让人感觉很不舒服。这种笑意常常带有一种轻视他人、高人一等的感觉。从这种微笑中,我们可以分析出,这类人群通常是独善其身的人,不爱多管闲事,也很少主动帮助别人,处事格外谨慎。

3)嘴角上扬,看起来很开心,但是眉头却深深地皱着,这是一种苦笑的表现。这种笑容说明对方内心十分苦闷,或者是对现实感到无可奈何,但是又无力改变的心态。

4)一边嘴角上扬,但是另一边嘴角却情不自禁地向下,这是冷笑的表现。这种笑容代表着对方内心充满了嘲讽或者鄙视,虽然面上带笑,但是心里却非常冷漠,往往体现出内心对别人观点的不赞同或者不屑一顾。

5）嘴唇张开，嘴角上扬弧度非常明显，甚至发出爽朗的笑声，这是快乐的表现。这种情况下，说明对方内心十分愉悦，并且性格非常的豪迈而直爽，这类人大多都比较正直、坦诚。

6）嘴角在笑，甚至发出声音，但是眼神却毫无笑意，这种是皮笑肉不笑，表达了一种非常轻蔑，且不愿意与人交流的心理。有的情况下，虚伪的人也常表现出皮笑肉不笑，这种人假装正派、热情，而且侃侃而谈，总是笑嘻嘻地表现出一副人畜无害的样子，这样的情况下，他多半是有求于人或怀有不良企图。

7）眼睛在笑，嘴角却没有笑，甚至表现出一副正人君子的样子，其实是在掩饰自己内心的不怀好意，说明对方心理正在算计别人或者心怀恶意。

笑不一定代表着开心，不同的笑意表达出人们不同的心理和情感，也能反映出人们不同的性格。笑也是身体语言的一种，一个人是不是发自内心地开心，我们不能单纯地从笑容上来判断，而是要注意眼神和全身的动态，因此在与人的相处中，一定要注意判断对方真正的“笑”意。

2. 眼神让谎言无处遁逃

眼睛是心灵的窗口，当嘴巴在说谎时，眼睛却会告诉我们真相。演技再精湛，谎言说得再轻松自如，眼神却骗不了人。因为一个人的眼神往往和他内心深处最真实的情感有关，不管如何伪装，如何会说漂亮话，通过观察一个人的眼神，便让谎言无处遁逃。

俗话说，由眼入心，眼睛是心灵的窗口，我们可以透过一个人的眼睛看到他内心深处的真实情感。当与人相处时，要学会察言观色，从对方的眼神中看出其真实的想法，并且根据对方表达的情绪随机应变，识破对方的谎言，或者破解双方的尴尬，让大家能够和平共处，真诚以待。

在与别人的相处中，语言信息占了比较大的比例，而剩余的部分信息传递则是通过动作、表情、眼神来完成的，假如我们在判断真诚与虚伪时，如果只依靠嘴巴说出的话语，那么分析出的答案是不够精确的，还要注意其他动作或表情的变化，尤其是眼神的变化。一个人的内心情感和心理状态，思想活动会不由自主地通过眼神表达出来，他的嘴巴在说着谎言，他的眼神可能已经透露出了真相。

我们经常说，如果一个人不敢直视你的眼睛，那他很有可能正在说谎。因为说谎者的眼神会透露出很多真实的信息，所以他们不敢直视别人的眼睛，害怕眼神出卖了他内心的想法。就像小时候，父母总是轻而易举地就能发现我们说的谎话，他们会第一时间质问我们："你是不是说谎了?"如果我们坚持回答"我没有。"父母就会继续逼问："那你为什么不敢看我的眼睛?"可见，这种逃避的方式不需要后天学习，而是人天生的一种条件反射。

然而，现在很多人都已经知道这个弱点，所以他们在说谎时开始避免这一举动，甚至主动直视别人的眼睛，毫不退缩。在这种情况下，我们要如何分辨真话与谎言呢?

由于太过担心被怀疑，说谎者会故意直视我们的眼睛，甚至表现得极为坚定，然而这种坚定的眼神同样也可能会说谎。曾经有一对身体语言专家夫妇做过这样一个实验。他们邀请了若干志愿者，在一起互相交流聊天、说谎，并且把这一过程记录下来。然后，邀请另外一部分志愿者观看记录下来的视频，请观看的志愿者指出哪些人在说谎，哪些人是诚实的。结果表明，观看影像的大部分志愿者都相信那些眼神坚定的人，认为他们没有说谎的嫌疑。相反，那些眼神闪烁躲避、四下张望的人，最容易被人怀疑撒谎。事实上，人们对撒谎者的判断依据还停留在眼神游移不定，或者心志不坚上，但这不是判断的唯一依据。因为人在说谎时，只有大约30%的说谎者会表现出眼神游移不定，而大部分说谎者都可以眼神坚定地直视别人，他们常常能够瞒天过海，取得别人的信任，被人识破的可能性仅有25%左右。因此，在观察别人是否说谎时，不要只关注他的眼神是否游移不定，还要从更多的细微变化中做具体分析。

比如当一个人在说谎时，为了消除对方的怀疑，他会一直直视你的眼睛，但是由于其注意力太过集中就会导致眼球开始干燥，这会让他们开始频繁地眨眼睛，这是非常重要的一个生理反应，也是我们判断一个人是否撒谎的重要依据之一。如果不是病理性的频繁眨眼，就要注意了，对方很有可能产生了紧张情绪，内心正组织语言，或者在思考如何行动才能证明自己而不被人识破谎言，时间稍长，总会露出马脚。

除此之外，还有一个判断方法：如果一个人的眼神既没有躲躲闪闪，也没有不停地眨眼，但是眼睛却在不停地转动，这也是一种说谎的征兆。人的眼睛不停地转动，说明大脑正在高速工作，甚至有研究表明，当一个人思考问题，或者回想之前的记忆时，他的眼睛是向左下方转动，而当一个人在说谎时，他的眼睛转动方向是右上方，所以判断一个人是否说谎时，可以注意他的眼睛是否一直向右上方转动。因为在叙事过程中，人的眼睛会向左下方看，这说明大脑正在进行回忆工作，而说谎是不需要回忆的，所以大脑在编织谎言时，会向右上方看，如果没有经过专业的训练，这种条件反射是无法改变的。

如果对方在和我们的交流过程中，瞳孔突然放大，但是强装镇定，可以就此判断出他有可能在说谎。瞳孔放大是一种紧张的情绪表现，而人们在说谎时通常是紧张的，因为害怕被别人发现，又想故作镇定，隐瞒真相，所以一切的生理反应就会体现在眼神上，虽然刻意进行压制，但自然的反应很难完全避免。

通常情况下，人们的眼神可以透露出很多的信息，所以想要深入了解他人,首先要从他的“心灵之窗”入手。

如果一个人眼神、沉静、温和深邃,不东张西望,甚至眼角含有笑意,这说明他是一个充满自信,且很有主见的人。这种状态说明他的内心已经对接下来的事情胸有成竹,稳操胜券,是一个非常可靠的人。

如果一个人眼神散乱,经常毫无定点,飘忽不定,说明这个人心绪难平、三心二意,对事情不够认真,遇到困难便轻言放弃,没有坚定的信念。这类人不适合作为领导者。

如果一个人眼睛正常,却喜欢斜视别人,或者用眼角看人,说明这个人高傲自大,对别人不屑一顾,甚至感觉自己高人一等,总是自我感觉良好,这类人不适合作为合作伙伴。

如果一个人眼神呆滞,毫无精气神,说明他是一个不爱思考、懒惰而愚钝的人,甚至有些胆小怕事。如果想要做某项决策,最好不要选择跟这类人商量,因为他们思维缓慢,没有主见,目光短浅,一般不会有什么很好的建议。但是,这类人的优点也很突出,那就是心地善良、毫无城府,与他们交往不必过于小心谨慎。

如果一个人经常皱眉,瞳孔缩小,说明这个人疑心重,容易怀疑别人,也容易自我怀疑,对周围的人、事、物都不太信任,而且戒心较重,不会轻易向别人倾诉心事,也不会轻易将任务交给别人处理,凡事喜欢亲力亲为,还喜欢揣测别人的心理,难以建立信任。这类人生活比较累,尤其容易心力交瘁,心事重重,很难结交知己好友。

眼神可以传递出很多的信息,无论是一个人真实的想法、性格还是情感,都会从眼神中流露出来,如果想要了解一个人的真实内心,判断他是否值得结交,就应该细心观察,关注他们的眼神动态,分析他们的心理,从而获得最真实可靠的信息。

3. 眉毛会随着人的心理变化而变化

人的表情可以通过眼神传达出来，这是一种比较直观的外部表现。不过，人的面部可不仅仅只有眼睛，我们评价一个人时常说“五官端正”，所以，五官的变化也能够充满体现一个人的内心情感和心理起伏，就连眉毛也不例外。

在中国文学中，有很多形容眉毛的成语，比如，剑眉星目、眉飞色舞、喜上眉梢等，我们从这些成语中就可以感受到它们所要表达的意思和感情。由此可见，眉毛在发生改变的时候，也可以向人们传达主人的“情意”。

生活中，如果我们细心一点的话，就会发现，当我们偶然和别人相遇时，可以很明显地感受到，对方是否有兴趣与我们交谈或者是否有意结交。那么在双方没有开口说话之前，我们是如何得知的呢？因为我们从对方的五官和眉毛的变化中感受到了对方的想法。

如果在见面时，对方的眉毛不由自主地抖动，比如眉毛快速地挑起，然后又快速地降下去，这样一系列的表情变化出现的时间非常短，而且多数是在人与人第一次见面，双方并不了解的情况下比较容易发生。眉毛的这种变化表示对方对你感兴趣，想要与你交谈，或者做朋友。

如果在见面时，对方的表情没有任何变化，尤其是眉毛没有“抖动”的话，可能说明对方并不想交谈，或者对你并不感兴趣。所以说，我们在人际交往方面，尤其是对一些从事行政、外交、营销等需要与人打交道或者交往的职业来说，观察对方眉毛的变化，了解对方的心理，是很重要的一课。

如果一个人的眉毛过高，并且朝中间聚拢，说明对方的内心正处于一种愤怒、悲痛或恐惧之类的情绪中。心理学家研究表明，这是一种非常矛盾的情绪表现，因为人的内心既想掩饰这种情绪，但是生理上又情不自禁地想要把眉毛抬起来，所以眉毛处于一种极度扭曲、纠结的状态，形成了一种更加焦虑的表情。

眉毛的每一次细微变化都代表着主人内心的情感变化和心理波动，想要明确地知道对方的内心情感变化，就要准确地了解每一种微动作所传达的含义。

(1)扬眉

有个成语“扬眉吐气”，形容摆脱了长期受压制状态后的高兴痛快的样子。其实呢，就算不查词典，我们一看就知道这个成语所要表达的意思。当一个人的眉毛扬起，说明他的内心某种压抑的情感得到了释放，而眉毛扬起代表内心的喜悦之情，出现这种变化时，便充分说明主人得意、高兴等情绪。

不过扬眉的形态也各有不同，不同的形态代表着不同的情感变化。比如一个人经常单边挑眉，说明他十分傲慢，自以为是，瞧不起他人，尤其对比他能力低的人更容易表现得爱搭不理，而且这种人也常常以自我为中心，很难听从别人的意见或看法。

另外，如果一个人的双眉高高扬起，或者眼睛睁大，则说明他正处于一种极度惊讶或者极度惊喜的状态下。

(2)皱眉

皱眉是较为明显的表情特征之一，也是最容易观察到的。皱眉也同样传达着一个人的内心情感，多为焦虑、生气、不耐烦等。总的来说，人们在皱眉时无非是以下两种情况。第一种是当人们遇到突然的强光或者面对外界突然的攻击时，人们处于生理上的反应会下意识地将眉毛皱起来，主要的功能是保护自己的眼睛；第二种就是当人们面对自己解决不了的难题或者令自己想不通的问题时，也会情不自禁地皱眉。这样的表情说明了人们厌烦、反感等心理状态。

(3)耸眉

耸肩,我们都知道是怎么回事,特别是在外国影视作品中很常见,那耸眉是什么样呢?眉毛首先扬起,停留片刻之后再下降,通常人们出现这个表情时,还会伴随着嘴角下撇的动作。这一表情说明人们的内心正处于一种不高兴但又无可奈何的状态。

比如当我们想要解释某件事,消除误会,可是对方却死活不想听,我们就会出现这样的表情。因为我们在表达内心不满却又无法改变现状的心情。耸眉有的时候还表示另一种情绪,比如人们在强调自己的观点时,也会出现这样的表情,目的是说服别人同意自己的观点。

(4)眉毛斜挑

眉毛斜挑指的是,眉毛一边高高扬起,另一边紧紧下压,两只眉毛组成的图案看起来像一个问号。当人们出现这样的表情时,代表内心产生了怀疑。比如,当你不相信一个人的行为或者话语时,为了表达内心的疑虑,就会做出这样的动作,以表示怀疑或者不赞同。

因此,如果在我们说话时,对方的表情发生了变化,我们一定要尽快解释,不要让对方加深对我们的怀疑,这样才能稳固双方之间的人际关系。

(5)眉头紧锁

在生活中,我们会发现,当一个人极度愁苦、郁闷,却又找不到方法缓解内心的这种苦闷时,就会面带愁容,一副难以开解、眉头紧锁的样子。当我们判断一个人是否开心或郁闷时,总会首先观察他的眉毛变化,这就是因为,人们的喜悦和郁闷之情,常常体现在眉梢眼角间,所以当一个人眉头深深地皱着,难以抚平时,他的内心也多半正承受着巨大的苦闷之情。这个时候,我们可以主动去关心宽慰他们,帮助他们排解内心的愁苦。

(6)眉毛舒展

当人们心情愉悦,处于极度放松的状态时,他的身体状态也会随之放松，眉毛也会不由自主地舒展开来，这表示当下人们的心情极度高兴，可能正好解决了一个难题，或者得知了一个好消息，是一种非常放松的表现。在这种情况下，表示人们的警惕心和压力感同时减轻，对别人的意见和建议也会更容易采纳。

眉毛是面部表情的一种重要"道具"，对我们来说，很多时候心情的起伏变化是通过多种方式表现出来的，眉毛的变化也必定有其特殊的含义，因此在和别人的相处过程中，我们要学会观察他人的眉毛变化，帮助我们更好地了解对方的心情。

4. 为什么有人总喜欢捏鼻子

一个正常的人，平时是感觉不到鼻子有多大作用的，因为生来它就在那儿，最多就是辨别味道，一呼一吸，保持生命的正常运转。不过，经心理学家研究表明，鼻子也是微表情的重要传达器官之一。

人们通常喜欢用语言来表达内心的情感，但是在很多时候，说的话并不一定是真实的。出于种种原因，在不同情境下，人们要掩饰自己的情绪，不愿意让别人察觉自己的真正意图及想法，所以故意说谎。在这种情况下，我们就需要通过观察人们的微表情来作为察觉情绪的主要途径。

对于微表情，人们总以为主要来自眼神的变化，其实鼻子也随时传递着重要的心理信息。鼻子位于面部的中央，上接天庭，下临人中，鼻子长得高挺的人，容貌多半不会太差。除了增加面部的美感，鼻子还有重要作用，就是呼吸与辨别味道。一般情况下，人们不会认为鼻子在表达情感情绪上有什么用处，甚至直接忽略掉，其实不然，就从动物世界来看吧，动物经常通过鼻子的变化来传递信息。

比如有的动物在发怒时,会不断地扩大自己的鼻孔,表达心中的怒气;另外,当感到恐惧时,鼻孔也会自然扩大,还有就是在用力的时候也会出现鼻孔扩大的表情。所以,有心理学家提醒我们,如果身处一个危险的环境中或紧张的氛围下,对方又出现了鼻翼扩张的行为,就一定要小心了。

这样看来,鼻子不仅是重要的面部器官,担任着吸引的重要功能,还传达着主人内心秘密的重要任务。人们的鼻子发生变化时,也反映着不同的内心情绪。只是人们在很多情况下,已经学会了掩饰自己的内心,极力控制自己的面部器官不要泄露自己的真实想法,而观察者通常将注意力集中于其他灵活的面部器官上,比如眼神、嘴巴等,对看起来不太灵活的鼻子放松了警惕。因此,在观察人们的微表情时,一定不能遗漏鼻子的变化,有可能重要的信息就隐藏在鼻子的变化上。

虽然不如嘴巴、眉毛那么灵活,但鼻子也是会动的。当人们受到气味或者外界的刺激时,鼻孔会做出不同的反应。比如,当鼻子受到香味的吸引时,会轻轻地颤动,甚至有的时候,人们还会出现打喷嚏的现象。这些变化都说明鼻子在传递主人内心的信息。

有的时候,鼻子的变化还能够帮助我们看透一个人的性格,比如我们常说的"用鼻孔看人",虽然鼻子并不能真正地看清一个人,但是在表达情绪上,"鼻孔看人"说明对方是一个骄傲自大的人。这类人通常会高高地扬起下巴,眼睛向下看,鼻孔冲着人,表达出他们内心的一种不屑、蔑视等情绪。所以当有人用"鼻孔看人"时,说明他是一个极度高傲、清高的家伙。再举个例子,比如当你说完一段话,对方停住,没有回答,而是抬手捏鼻梁,那说明他听进去了你说的,正在思索,内心处于矛盾冲突之中,无形中告诉你:"稍等,别打扰我,让我想想。"

看了这些,是不是有些惊讶,小小的鼻孔居然能暴露出这么多的秘密?不止如此,请继续往下看。

如果一个人无端地鼻头冒汗，只要不是病理性的，就说明他内心十分紧张，焦躁不安。可能这个人正在为急于达成的合约着急、发愁，也可能他做错了事，正盘算着如何掩饰或弥补自己的过失，还有可能他正因生存问题、感情问题焦虑不已，想逃到一个没人认识他的地方，彻底放松一下。或许，还有更多可能。

如果一个人不是天生的，当鼻子颜色泛白时，那说明他内心一定正经历着巨大的情绪波动。比如，遭遇失败，心情低落，或者遇到尴尬的事情时，做了对不起别人的事感觉愧疚等，在这种情况下，人整个鼻子的颜色会泛白。

还有，很多人喜欢捏鼻子。那是因为鼻子属于比较敏感的器官之一，当我们的情绪发生改变时，鼻子通常会由于生理组织的变化而出现发痒、膨胀等状态，所以人们会下意识地捏鼻子，来缓解自己的情绪。比如，在有些场合，经常会看到对方不时地捏鼻子或者抚摸鼻子，这些小动作都是人们用来排解双方之间的尴尬气氛，或者缓解内心的不良反应，因此，当我们与他人交流时，应注意观察对方捏鼻子的状态，以分辨他们内心的真实情绪，从而做出正确的判断与反应。

通常情况下，人们捏鼻子是由于出现了以下几种情绪反应：

(1)拒绝

当我们在请求别人帮我们做某件事时，对方一边思考，一边不停地摸鼻子，这说明对方的内心是想要拒绝的。即使对方答应了我们，但是在犹豫的过程中，他用手摸鼻子也是一种心不甘情不愿的表现。如果对方做出了这个动作，那我们还是见好就收，适可而止，不要强硬地要求别人答应，否则会伤害双方之间的感情。

(2)厌烦

摸鼻子有时还代表着厌烦或者急躁情绪。当我们在和别人交流时，对方一直不停地摸鼻子，或者坐立不安，不断地变换身体姿势等，说明对方感觉交流过程枯燥乏味，想要尽快结束，但是碍于情面或者其他原因,只是忍耐着没有直接说出口,那么我们就要适可而止,自觉地结束话题,否则只会让对方更加厌烦。

(3)说谎

有人在说谎的时候,也会出现捏鼻子的小动作,这一点很多人都能看出来。为什么人在说谎的时候会摸鼻子呢?心理学家研究发现,人们在说谎的时候,脸部会不自然地变红,鼻子会感觉发热发痒,甚至还会微微膨胀,这种不舒服的状态会导致人们下意识地用手抚摸鼻子,想要减轻鼻子的难受之感。人们说谎时,除了鼻子会感觉不舒服以外,对方说话的语速也会同时变慢,甚至变得简短,身体也会出现一些细微的小动作。

如果在和别人的交谈过程中,发现对方出现摸鼻子、轻蹭鼻尖等动作幅度很小的动作时,我们就要加强警惕,仔细分辨对方话语的真实性。

除了以上这些情绪之外,人们捏鼻子也有可能是因为气氛太过紧张,或者自身压力较大等情况。这些情绪都会导致人的鼻子干燥,出现发热等状态。当我们受到外界的刺激,体内会分泌出大量的激素和儿茶酚胺,使鼻子变得更加敏感,就会下意识地做出摸鼻子的举动,用手触碰鼻子来缓解内心的情绪。

此外,不同鼻形的人具备不同的性格,不同鼻子的变化,也传递了主人内心的不同的情绪。一旦用手触碰鼻子,说明对方的心理正在发生巨大的变化,而自己还没有意识到。可见鼻子的变化是微表情解读中不可缺少的重要部分。鼻子和其他灵活的器官一样,同样可以表达主人内心的喜怒哀乐等情绪,只是很多时候,人们忽略了对鼻子的观察和分析,从而错失了识别他人内心真正意图的机会。

5. “不可靠”的嘴巴

嘴巴是人们用来交流信息的主要工具，是人们宣泄内心情感的主要通道。通常，人们用嘴巴来表达自己内心，但是很多时候，嘴巴是不可靠的，它会说出虚假的信息，但是在微表情中，我们可以根据人们嘴部的动作进行解读，从而了解人们的内心。

人与人之间的交往离不开语言沟通，事实上，我们在交流时，除了可以通过语言来进行情感和信息沟通，还可以通过嘴部的动作来判断对方的心理活动。嘴部的动作同样是丰富多样的，它是人们面部相对灵活的五官之一，因此嘴部的动作更能反映人们的内心状态。无论是在语言沟通还是在微表情解读中，嘴部都应该被我们特别关注，是人们进行心理分析的重要依据。

有时，人们嘴上说着“赞成”的话，但是嘴部的动作却表达着“拒绝”的意思；有时，人们嘴里说着“赞美”的话，嘴角却显示着鄙视与不屑；有时，人们嘴上说着“我没事”，嘴唇却流露出悲伤与失落……所谓“口是心非”大概就这个意思吧。

这样不可靠的嘴巴，随时都可能背叛人的内心，说出言不由衷的话，可嘴部的微表情却向外界袒露了真实的一切。这种微妙的表情变化，引起了很多心理学家的好奇，他们不断地实验，想要找出嘴部动作代表的真实含义。比如研究指出，当人们突然用手掌掩住嘴巴时，可能是遇到了令人吃惊的事情，也可能是看到令人恐惧的事情。与人的交往中，如果对方说完之后，突然用手掩住自己的嘴巴，还可能有偷笑、害羞等意思。

从心理学角度看，嘴部动作之所以能够表达主人的内心活动，是因为人的脸部肌肉组织会随着人们情感的变化而变化，尤其是眼睛和嘴部四周的肌肉最为灵活，所以当人们嘴上说着谎话，但是内心真正的情感却会通过嘴部微小的动作体现出来。只是我们一般不太会注意别人的嘴部，忽略了很多有用的心理信息。

仔细观察，我们就会发现，人们的嘴部经常会出现一些常见的小动作，比如受到外界刺激时，嘴巴会微微张开或者紧紧抿着，有的时候嘴角还会上下变化，别小看这些不起眼的微小动作，它并不是毫无意义的，因此这些常见的小动作代表了人们的情感正在发生变化。

当人们的嘴角无意识地开始上扬，说明他内心感受到了喜悦之情，虽然他说出的话语可能是否定的，但微表情是骗不了人的；当人们的嘴角无意识地开始下垂，说明他的内心正在遭受着痛苦和打击。另外，嘴巴微张可能是表达了人们的惊讶之情，而嘴巴紧闭则表示人们内心的愤怒之情。

心理学家表明，人们的嘴部动作所代表的心理活动，常见的有以下几种：

(1)舔嘴唇

回想一下，当我们在和别人交谈时，面对上级或者客户，甚至是喜欢的对象时，可能会不由自主地舔嘴唇。这个动作不仅仅是因为嘴唇干燥，或者感觉口渴等生理问题，其实更多的是心理问题。人们面对极大的压力或者紧张时，通常会感到口干舌燥，情不自禁地舔嘴唇，不停地用舌头来湿润自己的嘴唇，通过这个微小的动作使自己镇定下来，或者转移注意力，以便让自己的压力减轻。一旦身边的气氛开始轻松起来，人们就会慢慢地放松下来，同时停止这样的动作。

舔嘴唇属于一种自我安慰行为，所以很多人在公众场合会通过舔嘴唇来增加自己的信心，殊不知这样的安慰行为只会让自己更加紧张，也会被别人轻易看透。

(2)咬嘴唇

咬嘴唇是一种释放压力的表现。通常我们的内心感到愤怒或者怨恨，却又对现状感到无可奈何时，会不自觉地紧紧咬住嘴唇，用这种小动作释放内心的情感、情绪，排解自己内心的不满和紧张。有的时候，当人们受到委屈却无法为自己辩解时，也会选择咬嘴唇来安慰自己。

心理学家认为，咬嘴唇的心理来源于人们婴儿时期的吮吸动作，这是一种平复心情和寻求安全感的方式之一。咬嘴唇有的时候还表达了人们的一种自我惩罚，比如在面对失败的境况时，为了惩罚自己的无能或者疏漏，人们就会不由自主地做出咬嘴唇的动作，以此来惩戒自己，抒发内心的懊恼与失落。不过，在这种情况下，人们做出咬嘴唇的动作，既是为了自我惩罚，也是一种自我安慰的心理。

(3)捂嘴

当我们毫无警惕地不小心向别人说出了某个秘密，却在说到一半的时候，恍然惊醒，反应过来之后，会立刻用手捂住自己的嘴巴，似乎想要通过这种动作来管住自己的嘴巴，不让秘密公之于众，很明显这是一种想要掩饰内心的行为。那么，当我们在与别人交谈的时候，如果对方在说了一半之后，下意识地捂住自己的嘴巴，说明他可能说了不该说的话，泄露了不该泄露的信息，这时，我们应该明智地装作什么都没有听见，而不是继续追问，让气氛变得尴尬。

(4)抿嘴

通常来说，抿嘴是一种生气愤怒的表现，人们在盛怒之下，如果不想用言语伤害别人，就会仅仅紧抿嘴巴，以免说出过分的或伤感情的话。这种动作表现了主人内心的压抑和挣扎。所以，一旦对方出现这样的表情与动作，我们要适可而止，不要试图挑衅对方，否则只会让事态更加严重。

还有一种情况下人们会出现抿嘴的动作，那就是在面临压力的时候。这时,由于自信心的降低和负面情绪的爆发,而使人们的嘴角紧闭,抿成一条直线,说明主人内心充满焦虑之情。

(5)撇嘴

撇嘴是一种非常常见的微动作,人们认为撇嘴是一种不开心的表现,每当人们感到生活不顺、前路渺茫时,就会不由自主地撇嘴,然后还可能出现抽泣等行为。同时,撇嘴也代表着一种不屑和轻视。

(6)瘪嘴

这与抿嘴、撇嘴不一样,当人出现瘪嘴的表情时,说明主人正克制着内心的悲伤,或者是压抑着难以言说的苦涩。同时,也可以映射出主人内心的惭愧、勉强、不容易、辛苦等属于悲伤类别的轻微情绪。这种表情类似于我们吞咽非常苦的药水时出现的嘴形,因此也可以将这样的嘴部形态简称为“苦涩的瘪嘴”。

嘴巴是不可靠的,即使嘴上说得多么甜蜜动听,内心也可能隐藏着相反的情感。所以我们在人际交往的过程中,不能一味地相信别人说的话。当然,也不必草木皆兵,只需记得在与陌生人交往时“逢人但说三分话,不可全抛一片心”,直到经过多次接触,深入了解之后,才可以真诚相待。这也就是我们常说的“路遥知马力,日久见人心”。

6. 触摸耳朵代表什么

别小看了耳朵！它就像人体的缩小版,连接着身体的各个部位,当人的身体出现什么状况时,耳朵会出现不同的反应,比如,耳朵淡白的人,怕冷;耳朵红肿,说明上火,等等。而且,德国著名外科教授沃特·哈特巴赫研究发现,耳朵不仅与人的性格和天赋有关,经常触摸耳朵还可以预防多种疾病。而心理学家则认为,人们触摸耳朵时有着许多复杂的心理暗示。

在五官中,耳朵并不太起眼,很多时候,人们往往会忽视耳朵的微动作与微变化。但是耳朵作为重要器官之一,确实却隐藏着很多不为人知的秘密。耳朵不仅是人们用来倾听声音的器官,更与人们的性格和心理有着神秘的关联。

心理学家通过多次实验研究发现,耳朵的上部可以反映出一个人的智商高低,耳朵的中部可以看出一个人的性格品行,耳朵下部可以透露一个人的真实情感。沃特·哈特巴赫教授曾经说过:"如果仔细观察我们的耳朵,你会发现耳朵就像一个倒置的胎儿。它的头部朝下,臀部朝上。耳朵可以被看作人体的缩小版,它反射着人体的各部位,反映了一个人的天赋和性格特点。"当我们想要观察别人的时候,一定要注意耳朵里的秘密语言,了解耳朵背后隐藏的玄机,这样即便是初次见面,我们也可以更有把握地了解对方的性格和心理,从而在人际交往中掌握主动权。

耳朵的变化能够反映出一个人当下的真实想法。在不同的场合或者情景之下,由于内心情绪的变化,有的人会不由自主地做出触摸耳朵或者捏扯耳垂的微动作,这是一种潜意识的行为,甚至有的时候,触摸耳朵也是一种自我安慰行为。

举个例子,在我们的成长过程中,如果做了错事或者撒了谎,被家长发现之后,就会被揪住耳朵,大声地质问。时间久了,次数多了,当我们再次面对这样的情况,即使没有被家长发现,也会下意识地去触摸自己的耳朵。这种潜意识的动作就是害怕谎言被拆穿的表现。

通过触摸耳朵或捏扯耳垂来逃避真相不仅仅是孩子会做的事情,也会发生在成年人身上。在大人的世界里,他们触摸耳朵或捏扯耳垂并不是因为害怕被批评,更多的是掩饰自己内心真实的情绪和想法。看似这是微小的动作，但是每个人的习惯不同，不同的习惯和微动作背后，隐藏着不同的心理状态。

那么，我们应该怎么样通过耳朵的细微变化，来有效地掌握对方的情绪变化和心理状态？

(1)摩擦耳朵背后

如果在交谈过程中，对方不断地用手触摸耳朵背后，这说明对方并不认同说话者所提出的观点，或者是对方有不同的看法。相信我们在生活中都遇到过推销员，不管是上门推销、电话推销或者是在街上遇见，当销售人员热情地向我们介绍产品，一个劲儿地夸奖产品有多么好多么优惠，如果我们不认同他们的观点，但是又不好意思断然拒绝时，就会不由自主地触摸耳朵背后，想要以此来缓解自己的尴尬。

工作中，也有这样的情况。比如，在开会时，有人提出了自己的观点，但其他人并不认同，那么他们在发表不同的意见之前，会首先触摸自己耳朵的背后，这不仅仅暗示着人们即将要表达自己的观点，也是为了缓冲尴尬气氛的小举动。

(2)抓挠耳背、耳垂

有个成语叫“抓耳挠腮”，可以准确地形容这个微小的动作。当人们不停地抓挠自己的耳背、耳垂，说明他正处于一种极度焦虑的状态。或许是他做了什么错事，害怕被人发现，或许是他遇到了什么难解的问题，但是没有办法解决，只好用这样的小动作释放自己内心的压力。

如果我们发现周围的朋友或家人，一边假装淡定地与我们说话，一边忍不住抓挠自己的耳背、耳垂等地方，我们要及时停下手里的事情，关切地询问对方是否需要帮助。如果我们一句短短的询问可以帮助对方解决难题，或者让对方感受到关心，那么双方之间的感情会更加深厚。

(3)掏耳朵

我们经常看到这样的场景，一个人滔滔不绝地说个不停，另一个人却不停地用指尖掏耳朵，可大部分人都不太明白这说明什么，也没有谁会放在心上。

如果在说话过程中，有人不停地掏耳朵，说明他对当下的谈话毫无兴趣，也说明他心里对另一个人的观点不认同，或很不屑，也可能他正琢磨着如何反驳这一观点。因为，很明显，在正式场合，这绝对是一个非常不尊重人的动作。假如我们在谈话过程中，看见对方有这样的小动作，那就不要继续说下去了，要及时询问对方是否有其他的看法，这样才能保证谈话继续下去。

(4)遮住耳洞

用手遮住耳洞，或者是捂住耳朵，这种动作与拒绝倾听是一个意思。我们经常在影视作品中看到这样的情景，一个在拼命解释，一个捂住耳朵，大喊着“我不要听！我不要听！”同时脸上还会出现不耐烦的神情，可能还会一跺脚跑掉。

虽然捂住耳朵，不一定能够真正制止声音的侵入，但是这样的动作明显表达了主人的拒绝。因此，如果对方做出这样的动作，我们应该立即停止说话，不要咄咄逼人，影响双方之间的友好相处。

不同的场合，每个人都有不同的心情，自然就有不同的微动作，这不由我们自己控制。所以，不要小看摸耳朵这样一个小小的举动，很多时候，人们就是通过这样一个小动作，准确地抓住了对方的性格与心理，达成了合作。因此，我们一定要控制住自己的小动作，不要过早地暴露自己的内心世界。反过来，当我们看到对方出现以上类似的小动作，就要注意了，记得适可而止。

7. 一张嘴，牙齿就会出卖你的性格

牙齿不光用于撕咬食物，帮助发音，它也代表着我们

的身体是否健康。从一个人的牙齿可以分析出他的性别、年龄、体质及性格。一口整齐雪亮的牙齿肯定比一口参差不齐的牙齿要受人喜欢。当然，这只是表象，牙齿不仅影响着一个人的外形，还透露着一个人的心理和性格特征。

每个人一生中都要经历两次长牙，最终形成 32 颗牙齿。这 32 颗牙齿，结构和功能都是一样的：咬断食物、嚼碎食物、磨碎食物。只是它们的形状却各不相同，有些是天生的，有些的是成长过程中由于饮食习惯或疾病等原因造成的。说起来，牙齿只是身体上很小的一部分，似乎不太起眼，可是它对面容有巨大的影响，只有健康的牙齿，才能让人的面部和唇颊部显得丰盈、圆润、有弹性。当与人说话或微笑时，一口整齐而洁白的牙齿，让人显得更加美丽健康，我们也喜欢与这样的人聊天、交往。当然，更重要的是，牙齿与一个人的身体状况、生活习惯等有着紧密的联系，也给我们展示了一个人的个性特征，是我们对一个人的性格进行判断的重要着眼点。比如，牙齿整齐亮白的人多生活习惯良好，性格开朗大方，对自己要求也很高，工作起来也较注重于行动；牙齿排列参差不齐的人多性格急躁，情绪起伏不定，敏感而任性，做事容易冲动。

那么，我们该怎样从牙齿看人的个性特征呢？首先，我们来分析不同的牙齿形状。

(1)牙齿外突

这里说的牙齿外突，就是我们平常说的“龅牙”，我们在影视剧里也常常看到这样的角色，笑起来十分可爱，是生活、学业和事业的活跃分子。这类人大多个性直爽洒脱，也很健谈，没有心机，说话直来直去，做事积极肯干，为人热情爽直；对什么事情都很好奇，爱打听，不过，他们并没有坏心眼，偶尔会夸大其词、吹吹小牛，希望得到大家的认可；虽然他们从不偷懒，凡事都冲在前面，干劲十足，但是意志力不坚定,很容易半途而废,所以事业上不会有太大的成就。

(2)牙齿内倾

所谓牙齿内倾,就是上下两排牙齿都向内倾斜,或者个别几颗牙齿向内倾斜。有这种牙齿的人,个性都很强,思想独立,喜欢尝试新鲜的事物,不怕挑战;凡事不喜欢跟从别人,敢提出不同意见;工作上或生活上,都喜欢标新立异,引人注目,有时还会有意做出一些与众不同的行为,看到别人异样的目光,感觉很骄傲。他们适合具有创造性的工作。

(3)叠齿

叠齿,是指牙齿错落排列,在正常牙齿的前后方又长出牙齿。这样的牙齿也不少见,而有这种牙齿的人,不容小觑,他们大多都有强大的自信心、自尊心,在某些领域容易脱颖而出,把工作处理得有声有色,总能做出令人惊喜的成绩,但由此也容易形成自负心理,不放其他人放在眼里,养成骄纵任性的毛病。可能也因为这样的原因,他们很难交到知心朋友。

(4)牙齿不齐

牙齿长短不一,也就是说牙齿的切面参差不齐,看起来的确有些不太美观。有这种牙齿的人,多数都私心较重,性格急躁,容易情绪化,听不进别人的意见,只一味蛮干,最后费力不讨好,从而产生怨怼,也因此造成人际关系差。所以,这类人的事业上不会有太大发展,不过,凡事不绝对,如果能够稍微收敛自己的个性,与人进行有效沟通,谦虚有礼,随时保持微笑,一定会有所改观。

(5)门牙大

门牙大的人,给人一种憨厚、强壮的感觉,也的确是这样。有这种牙齿的人,大多都精力充沛,积极肯干,从来不想那么多,越是有困难,越是热血沸腾,勇往直前;也恰恰是因为这样,他们多做事没有谋划,只凭过人的勇气,很容易吃亏;虽然付出很多,但收获不大。因此,这类人一定要注意,听取别人的建议,做事之前做好规划,三思而后行。

(6)牙齿整齐

牙齿排列整齐,大小适中,疏密有致,说明这个人身体健康,生活习惯良好。有这种牙齿的人,性格开朗乐观,为人热情,有较好的个人修养;在工作上,他们认真负责,有条理,有计划,但是不喜欢挑战新的东西;生活中,他们有很强的责任感,遇见问题绝不逃避,能够勇敢而理智地面对。另外,这类人有很好的人际关系,对待朋友十分真诚,很招人喜欢,因此在自己的小圈子有很高的声望。

除了牙齿的形状,牙齿的颜色也反映着人的性格特征,比如,大多数人的牙齿呈米黄色,且湿润有光泽,这是正常健康的牙本色,说明身体状况良好,饮食和作息习惯较好,性格也属于刚柔并济型;天生的牙齿雪白,但不润泽,有这种牙齿的人,大多都个性较强势,个人能力突出,但心性敏感,因此而常常心情郁闷,不爱谈笑。

说了这么多,牙齿反映的也仅仅是性格一个小小的侧面,毕竟人是很复杂的,个性千差万别,内心活动从不停歇,情绪情感更是变化无端,所以要想了解一个人,需要长期相处,多方面地用心观察,切不可武断定义一个人的性格与心理特征。

第四章　声音，聆听内心的方式

1. 开场白，彰显人的不同性格

人是群居类动物，很少有人从一出生就离群索居，独自成长，孤独终老。人，需要交流、交往、与人产生感情，否则便无法繁衍生息。那么，如此一来，如何与人相处、怎样说话，就很讲究技巧了。而且，不同的人、不同的性格，在人际交往中也有完全不一样的表现。

人们在交往过程中，无论是陌生人还是好友，见面都会先问候一下，相互寒暄几句，说一些铺垫的话，为接下来的话打下基础，然后再慢慢地进入正题。

之所以需要有开场白，心理学家认为有两个原因。一是为了消除刚见面的陌生感，希望在逐渐熟悉的情况下，再提起正题。如果一见面直接进入正题，不但会让对方反感，引起对方的误会和排斥，甚至可能会影响双方之间的友好关系。二是担心对方误解自己的本意，所以要通过铺垫的方式，循序渐进地让对方懂得自己的来意，这样一方面给了对方一个心理准备，另一方面还能让对方感觉被尊重。

特别是对中国人来说，凡事讲“人情”，即便是熟人，即便是公事，如果双方一见面，便直奔主题，一副公事公办的严肃脸，也会让双方误解彼此的意图,从而产生排斥、防备或战斗心理,那么之后的沟通就会变得异常困难。所以在人际交往中,开场白是必不可少的,更是一种交往习惯。

别小瞧这几句“寒暄”,它非常重要,要自然而然,真情流露,才能让人感觉舒适,心情愉悦,不然,假惺惺地没话找话,抓不住重点,陷入尴尬境地,把“天”聊死了,那就没有“然后”了。开场白其实蕴含了很多的信息,不同的开场白方式能体现不同的人物性格特征。所以,我们面对不同的人,要用不同的开场白。

(1)反复强调的开场白方式

在进行开场白时一直重复强调一些铺垫性的话题,这是一种进入正题的策略,以引起对方的注意,为接下来的话题打下基础,好顺利过渡。不过,在开场白的阐述上,过于强调自己的观点,或者想要说服别人听从他的意见,这类人虽然很有谈话策略,却是一个逃避责任的高手。

(2)拉家常的开场白方式

很多人为了消除刚见面的陌生感,减少他人的戒备心理,拉近彼此之间的关系,大多会从拉家常的方式开始进入正题,这样会让对方感到亲切,从而增加谈话成功的概率。选择这种方式的人通常考虑问题比较全面、细致入微。他们希望双方在愉快的氛围下进行谈话,不希望大家太过拘谨。在生活中,这类人也非常好相处,能够很快地活跃气氛,并且十分周到地照顾每一个人的感受,不会故意为难别人,但是也很有自己的原则,非常受人欢迎。

(3)极度傲慢的开场白方式

这类人在做开场白时看似极其自信,能够根据环境的变化随时改变自己的话题,但其实这类人内心藏有深深的自卑感,只是他们不愿意让别人看出自己的自卑,所以在进入正式话题之前,有意表现出自信傲慢的姿态,看起来带有一些攻击性,这么做就是不希望别人轻视自己,甚至在某些时候,语气会非常狂妄,以此来证明自己的能力。

(4)啰里啰唆的开场白方式

有的人在与别人交谈或者相处时,过于啰唆,他们不停地询问别人的喜好、感受等,通俗点说就是自来熟。即便是初次见面的人,他们也很快就能熟悉起来,这类人大多都比较善良,没有攻击性。他们啰唆,是因为希望对方感觉舒服,能够有一个美好的谈话体验。他们完全站在对方的角度考虑问题,不愿意对方受到一丝一毫的怠慢,所以会过度关注对方,从而变得啰唆起来。

还有一种情况是,经常啰里啰唆的人很有可能对于正式的谈话话题了解不多,不愿意在对方面前露出马脚,想要掩盖自己知识水平不够的窘境。因此他们的开场白通常是乏味冗长的,迟迟不愿进入正题,但是又很想证明自己,想要让别人更多地了解自己,才会不断地谈论自己其他方面的长处。

虽然啰里啰唆的开场白方式会让对方觉得我们非常慎重,但有时候,过犹不及,如果一直过于啰唆,不给对方说话的机会,反而会引起对方的排斥心理,甚至草草地结束谈话。尤其是面对上司或者长辈的时候,不要因为紧张或者其他原因就迟迟不敢开口进入正题,有时候,当断则断,学会倾听,反而更能引起他人的好感。

(5)态度肯定的开场白方式

这类人在和别人谈话时,非常有自信,因为他们对自己将要陈述的观点或者建议成竹在胸,并且对对方的反应也尽在掌握。他们认为自己的观点就像真理一样,不会被别人质疑和反驳,自己也不会轻易地收回。这类人无论是在工作中还是在生活中都非常注重承诺,并且更加注重承诺的实际意义,在没有把握的情况下,他们不会无缘无故地许诺,一旦做出了承诺,或者发表了观点,就一定言出必行。

(6)态度否定的开场白方式

采用这种开场白方式一般是因为自信心不够,并且怀有试探之意的。采用这种方式的人更注重防御和自我保护,他们不会轻易地将自己的底牌或者观点透露出来,而是更加想要知道别人的态度和底牌。这类人在生活中或者工作上,有很强的个人保护意识,他们往往戒备心很强,甚至有强烈的征服欲及控制欲,不希望出现不受自己控制的事情,也不喜欢自己的行为或者思维被别人控制。他们敢做敢当,但是性格固执,不轻易同意别人的观点,很难被说服。

(7)猎奇心理的开场白方式

一般选择这种开场白方式的人,在生活中大都扮演着支配者的角色,他们的谈话方式或者内容让别人无法预测,并且他们有着极强的好奇心,喜欢探听别人的隐私,但是又不愿意透露自己的事情。所以,这类人有很强的支配欲,喜欢掌握一切的感觉,不喜欢被别人掌控。

不管是哪一种开场白方式,或者用什么样的话题来引起别人的注意,只要我们仔细听听对方的开场白,一定能够从中找到想要的信息。只是很多人过于忽视开场白与性格之间的关系,认为不过是一次闲谈交流,却忽略了其中暗藏的信息。

2. 声音特征,体现一个人的性格特征

当我们想要了解一个人的时候,通常会仔细观察他们的表情、动作、习惯等特点,从而分析他们的性格特征,但是很少主动倾听他们的声音。其实每个人的声音里都含有很多微妙的信号,从一个人的声音特征中,我们也能够得到很多有用的信息,比如一个人说话的语音、语调、语速等方面都反映着不同的心理特征。

英国格拉斯哥大学声音神经认知实验室的菲尔·麦卡利尔博士及其同事曾经做过这样一个实验。他们邀请了64名志愿者依次朗读同一篇文章并进行录音,然而将所有志愿者所说的"你好"音频截取下来,播放给320个人听,并且请这320个人根据志愿者的声音按照预设的认知规则来打分,1~9分不等。结果发现,人们对于同一种声音打的分都差不多,甚至对这些声音的印象都非常深刻,基本在听到声音的300~500毫秒以内,就已经形成了对志愿者的印象。由此可见,一句简短的打招呼——"你好"就已经让对方产生了第一印象。同时,也说明人的大脑在没有任何视觉线索的前提下会自动且迅速地得出结论,对声音来源的安全性做出判断。

其实在生活中,我们也经常会注意到周围人的声音变化,只是有时我们并没有将这些变化放在心上。比如,当我们在看不到人的情况下,会下意识地根据对方发出的声音来判断此人的身份,越是熟悉的人,我们的判断力也就越准确,这是因为对熟悉的人,我们早已对他的声音特征牢记于心,于是在需要的时候,大脑就会自动辨别出这些声音的特征,帮助我们判断对方的身份。由此可见,如果我们想要根据声音特征来辨别性格,也是非常简单的一件事。

那么,我们应从哪些声音特性来判断不同人的性格特征呢?

(1)说话语速较快的声音特征

通常很爱说话,并且说话语速较快的人,大多都比较热心,而且性格非常急躁,属于急性子。不过有的时候,太过热心反而会让别人觉得在多管闲事,所以也常常会被别人误解。但是在生活中,热心的人非常注重朋友情义,做事的态度和说话一样,总是能够很快地完成任务。但是同时他们的记忆力不好,很容易遗忘,答应别人的事情,可能不经意间就忘记了。所以,在跟这类人交往的时候,如果他们没有兑现承诺,不要认为他们是有意的,很有可能他们只是不小心忘记了而已。

只要不是病理性的、健忘的人,多数都性格豪爽、热情,他们看起来没有烦恼,自由自在,不会被任何烦心事束缚,也不会主动去寻烦恼,而是一个热爱生活、乐观向上的人。

(2)说话轻声细语的声音特征

在说话时,慢条斯理,轻声细语,听起来软弱无力,甚至有的时候显得嗲声嗲气,这类人属于天生的依赖派。他们不会管太多身边的事,总是想着依赖别人,认为"就算天塌了,也有高个子顶着"。在生活中,他们看似对什么都不关心,其实是不想主动承担责任。不过,他们并不是坏人,只是有点懒散,有点自私,"事不关己,高高挂起"罢了。

这样的人有一个明显的性格特征,就是害怕孤独,他们喜欢热闹,喜欢从别人身上获得安全感,非常享受被别人关心照顾的感觉。这就是"撒娇女人最好命"的原因。有一类人偏偏就喜欢爱撒娇的人,对其言听计从,像个小跟班。周瑜打黄盖——一个愿打,一个愿挨。有这类声音特征的人,大多都有高超的交际手段,他们能说会道,能屈能伸,在人群中十分受欢迎,很容易便成为圈子里的焦点。即便来到一个完全不熟悉的陌生环境,也能很快交到朋友。

虽然他们交际手段很高明,但不是做领导者的料,因为在大事发生的时候,他们不会主动去承担责任或者解决难题,而是总想着依赖别人,想要被别人保护。

(3)说话声音沙哑的声音特征

有的人天生说话声音就比较沙哑,很多人认为这样的声音有一种特别的魅力,成熟而神秘,很吸引人。事实上确实如此。声音沙哑的人大多拥有独特而高端的审美品位,包括超前的设计和创意理念,并且在领导职能上有着天生的优越感,每次出现在人群中,都能快速地吸引到别人的注意,成为群体的核心。遇事沉着冷静,绝不逃避,越是关键时刻越是能体现他们的控制力、号召力及凝聚力。平时,他们不喜欢张扬,也不喜欢过于热闹的场合,相反,他们喜欢独自享受阅读、旅行等休闲时光。他们一般不会喋喋不休、啰里啰唆，但说出来的话很有力量。

这类人属于强硬派，他们的性格非常鲜明，能够轻易获得别人的好感，并且给人留下深刻的印象。

(4)说话沉稳温和的声音特征

这类人属于压抑派，他们能够控制住自己的言行和情绪，理性胜过感性，不会因为情感上变化而影响他们的处事风格，可以说这类人无论是在生活中还是在工作中，都是中规中矩、很有主见的人。他们不会因为任何原因轻易改变自己的原则，甚至有的时候看起来相当固执，即使他们的声音听起来与往常一样温和有礼，但是他们却异常坚持自己的原则和底线，不容易接受改变。

在外人看来，这类人自立自强，他们不会依赖任何人，相信只有靠自己才能获得想要的一切，所以他们很多事情都愿意亲力亲为，不愿轻易寻求别人的帮助，非常的实在。

除此之外，很多声音上的小细节，也能够帮助我们更加细致地了解一个人的性格特征。

比如，和别人交谈时，表情木讷，不善言辞，这类人在生活中多半是一个容易害羞且自卑的人。平时，他们做事、说话显得很迟钝，似乎总是慢半拍，但是他们有一个优点，就是对待感情格外认真，从不游戏人生，重信守诺，也很乐于帮助别人，热心又善良。只是有时候比较固执，爱钻牛角尖，很容易陷在自己的某种情绪或想法里出不来。

比如，说话声音听起来非常的尖厉、刺耳，这类人的性格也和他的声音一样，有些孤僻，脾气大，缺少教养，以自我为中心，不顾及别人的感觉。无论在什么场合，只要不合他的意，便会不管不顾地大呼小叫，毫不顾全大局，就算面对比他年长的人也不留情面。而且，只能别人让着他们，别人绝不能惹到他们，但凡侵犯到他们一丁点的利益，便会闹得天翻地覆，不占点便宜绝不罢休。在生活中，这类人的性格和脾气也非常的古怪，难以把握，常常一言不合就发脾气，甚至不分缘由。

比如，说话时常常带有手势或者动作，这类人一般都活泼好动、思维活跃，看起来对每件事情都充满热情，却常常只有三分钟热度。喜欢尝试，也容易放弃。这样的性格也给他们带来很多不好的影响，比如做事草率、脾气冲动等。

如果想要了解一个人，除了观察他的言行举止之外，还可以通过声音特征来判断他的性格特征。每个人的声音都各有特色，每个人的性格也各有不同，那么，就从声音开始，倾听每一个人内心的声音。

3. 说话方式不同，人的性格也不同

或许，一个人可以通过技术手段改变自己的外表，改变自己的声音，但是一个人的习惯却无法轻易改变，即便在某种情境下，刻意改变自己的行为习惯，装作另一个人，但总会在不经意间露出马脚。因此，无论采用怎样高超的技巧掩藏自己，一个人的说话方式都很难彻底改变，通过交谈时流露出的蛛丝马迹，我们同样可以分辨一个人的性格特征。

在生活中，我们如果想要了解对方的性格特征，通常会主动观察他们的一些微表情、小动作，甚至说话的语调等，如果对方把这些信息都掩藏起来，那么我们就要观察他们的说话方式和习惯，分析他们话中隐含的信息，推测他们的目的，从而帮助我们深入了解。

通过每个人不同的说话方式来判断其性格，并不新鲜，早在三国时期，诸葛亮就研究出了“七视读心识人法”。所以，这种技巧并不难，只要我们稍加注意别人的说话方式，就会发现每个人的性格

特征其实都掩藏在他们平时的行为习惯中。

心理学家也曾研究表明，一个人的说话方式，通常与他的内心世界相关联，同时，心理学家又将说话方式和性格之间的关联分为以下几种。

（1）喜欢发表评论和看法

这类人的性格特征，大多都比较自以为是，很喜欢表现自己，"人来疯"。尤其是在人多的情况下，他们更加善于表现自己优秀的一面，生怕自己的风头被别人比下去，所以他们在与别人交谈时，常常喜欢点评或者评论别人的行为，认为自己说的话是非常"独到"的"见解"。其实很多评论都只是流于表面，并不能提出多么精深的见解，难以把握真正的重点。

同时这类人思想活跃、知识丰富，面对不太熟悉的人也能够侃侃而谈，不怕尴尬，反应灵敏，随机应变，能够迅速地与陌生人建立关系，引起别人交谈的欲望。有的时候，还能够帮助别人解决难题，但是出的主意往往并不能落实到要点之上。

（2）坚定自己的立场，是非分明

这类人在性格上是典型的说一不二，说过的话一般会做到，即便超出自己的能力范围，也想尽一切办法，哪怕牺牲自己的利益也要遵守承诺。他们处理事情时赏罚分明、义正词严，不会懦弱地做和事佬，一般情况下决不妥协，原则性非常强，很有自己独到的想法。与这类人交往，可以放心，他们绝不会做出背叛、欺骗等违背道义的事。但同时这类人也有很多缺点，由于坚持自己的立场，并且不会轻易地改变，对于别人的建议和意见难以认同，容易一意孤行、刚愎自用。

另外，这类人在谈话过程中，往往言辞犀利、一针见血、毫不留情，对人和事都有自己精辟的理解和看法，并且有条有理、逻辑清晰，给人一种不容反驳的感觉。但是他们说话直来直去，有什么说什么，不会看人脸色，所以，有时会因为言辞激烈，或者指向性较强，容易引起他人的不满,因此而得罪人。有的时候,由于是非分明、立场坚定,很容易被他人抓住弱点,从而进行攻击,引起新一轮的激战。

(3)喜欢标新立异,奇思妙想

这类人通常思维异常活跃,好奇心强,对新鲜事物有着常人难以理解的巨大兴趣。他们的做法常常得不到大家的认可,行为乖张,不拘泥于现状,有很多稀奇古怪的想法,却不能为大众接受。在性格上,他们又比较随波逐流,容易被有心人利用。同时,这类人虽然喜欢追求新鲜刺激的事物,但又不容易坚持自己的立场,每当有其他更吸引人更奇特的事物出现时,他们便扔下之前的想法,转而奔向下一个新鲜事物去了。有的时候他们可能还会故意与人作对,想要突出表现自己。

如果这类性格的人可以静下心来,将精力放在某一件事上,肯定会取得令人意想不到的成就。

(4)说话语速平缓,思前想后

这类人在生活中看起来比较温柔,且不喜欢争强好胜,甚至通常扮演和事佬的角色,不会轻易得罪别人。在性格上,他们通常比较保守,不喜欢接受自己没有接触过的东西,甚至在很多时候,会选择逃避、退缩的态度。如果能够再多一点勇气或者果断,懂得迎难而上,那么他们一定会练就一颗坚强而又宽容的心,也会更加令人信服。

每个人的说话方式都暗藏着不同的习惯和喜好,反映一个人独特的性格特征,只要有心人注意观察,就一定能够捕捉到自己想要的信息,而对于说话方式来说,还有更多的变化。

比如,对方说话时,语速缓慢,甚至显得有些木讷或者扭捏,这说明对方不怀好意,或者心存怨恨,却又不能明显地表现出来。或者他们正在撒谎,言不由衷,而同时又心存愧疚。

比如,对方说话的声音突然升高,或者语速开始变得很快,证明对方不认同我们的观点，并且希望我们能够同意他们的观点，所以对方才会想要在气势上压倒我们，制造一种压迫感。一方面，对方想要吸引我们的注意，使我们情不自禁地认同他们；另一方面，对方也是借此想要给自己一些鼓励，增加底气。

比如，有的人喜欢对朋友或者陌生人评头论足，讲八卦，说明他们的嫉妒心非常强，并且伴有极度的自卑心理，想要通过诋毁他人来满足自己的虚荣心。不过，这类人虽然极度自卑，但是掩饰得很好，一般情况下并不表现出来，只是喜欢指桑骂槐、发泄不满。同时，这类人非常的孤独，人缘不好，很少有知心朋友。

比如，有的人无论是和朋友还是和陌生人交谈，常喜欢发牢骚，抱怨别人，说明他们有自私自利的一面，甚至睚眦必报，不能宽容待人，常常站在自己的角度揣测别人，不懂得设身处地地为别人着想。同时，在生活中，这类人通常是好逸恶劳之徒，他们对自己的现状非常不满，但又不思进取，不愿意付出努力，只想坐享其成。一旦遇到挫折困难，从不愿意从自己身上找原因，只会怨天尤人。

总之，一个人的说话方式是在某种特定的环境下经过长年累月慢慢形成的，很难改变，也无法轻易隐藏，即使他们刻意伪装自己，但是在一些细节上，总会露出破绽。只要我们仔细观察，多注意对方的说话方式，就一定能够了解到他们内心的想法，分析出他们的性格，从而在人际交往中更加轻松自如。

4. 口头禅中蕴含大信息

通过长久的实践与经验形成的习惯是很难改变的，同时，这些难以改变的习惯中反映着一个人最真实的性格与心理特征。这无关阶级与地位，只要是人，就有属于他的习惯，比如口头禅。这是很明显也很容易被人注意到的一种习惯,同样也是在某种特定的环境和教育背景下,经过漫长的时间,逐渐形成并固定下来的,所以从一个人的口头禅中,我们可以分析出很多重要的信息,从而帮助我们快速有效地了解一个人的心理。

平日,人们在表达自己的过程中,总会慢慢地形成几句口头禅。有的口头禅只是一些毫无意义的语气词或者附加词,但是这些口头禅却能够很好地传达人们的情绪,不管喜怒哀乐悲,无一不能够用这些口头禅表达。曾经有人接电话时,整个过程只说了一个字,却表达出完全不同的情绪,当然,他是用不同的语气和语调说的,但也足以说明口头禅的含义之丰富。

不一样的口头禅反映出不一样的喜好,同时也体现了每个人独有的性格与心理特征,如果我们能够对这些口头禅做些详细的了解和分析,就会发现这些口头禅蕴含着大量的信息。很多口头禅带有负面情绪,在高压和快节奏的社会现状之下,人们疲于奔波,随时随地都可能面临巨大压力,不可逃避,让我们的心情变得越来越压抑,而这些口头禅就成为很多人用来发泄情绪的方法之一。

我们都知道,想要全面了解一个人的真实性格和想法,通常要与之相处,相处的时间越长,了解得就越详细。但是很多时候,我们并没有这样的时间,也没有这样的机会,与人交往时,第一次见面,或者还没有很熟悉的情况下,想要快速了解一个人的性格和想法,以便我们能投其所好或者小心提防,就必须利用一切已知的特征判断对方的性格或态度。其他的习惯可能比较容易隐藏,但口头禅却总能脱口而出,所以有心理学家研究表明,人们的口头禅从一定程度上能够泄露出他的真实性格。

(1)“无聊”“没意思”

喜欢说类似“无聊”“没意思”“郁闷”等口头禅的人,大多对自己的现状不太满意,但是又不愿意付出努力进行改变,只想着坐享其成、不劳而获。然而,天上掉馅饼的事情不可能发生,便只得维持现状,这就矛盾了,因此,内心尤为不满,想要依靠口头禅发泄情绪。

(2)“随便”“无所谓”

喜欢说类似“随便”“你看着办”“无所谓”等口头禅的人,多半不愿意承担责任,没有担当,也没有主见。当他们说出这些口头禅时,说明其内心无法对现状做出正确的判断,或者是不敢进行判断,只能把决策权交给其他人。这样既不用他们出主意,一旦出现问题也不需要他们承担后果。这类人的性格,多表现得优柔寡断,不敢说也不敢做,缺乏责任感,不适合作为领导者。

(3)“听说”“别人说的”

喜欢说类似“听说”“别人说的”“好像”等口头禅的人,说明他们热衷于八卦小道消息,喜欢打听或传播一些不实信息。这类人虽然喜欢将消息告知众人,但是对消息的真实性却从不过问,也不愿意为之承担责任。如果是在工作中,这类人极其缺乏自信心,并且喜欢给自己留下后路。但是有时候,很多处事圆滑或者交际手段较高的人也习惯说这样的口头禅,这是他们自我保护的一种手段,刻意避免与别人发生冲突。相反,喜欢说“没问题”“当然”等口头禅的人,就显得信心十足,而且敢于承担责任,给人一种踏实、安全的感觉。

(4)“但是”“不过”

喜欢说类似“但是”“不过”等口头禅的人,通常是在别人指责自己,或者质疑自己时,为了辩解而说出的口头禅。这类人大多喜欢狡辩,不愿意为自己的行为负责,总是寻找众多借口来掩盖自己的错误。另外,这类人性格强硬,不愿意服输。不过,有时也有另外一种情况,有的人性格比较温柔,愿意站在别人的角度想问题,主动替犯错者寻找借口,或者减轻他们的处罚。

(5)“说真的”“老实说”

喜欢说类似“说真的”“老实说”等口头禅的人,可能真的是在骗你。比如父母教育孩子,又不想和孩子之间产生隔阂,通常会说“不是我想批评你……”“不是我想骂你……”“不是我不想打你……”这种情况下,“不是我想”的意思就是“一定要”。所以一般爱说“说真的”“老实说,我不骗你”等口头禅的人,通常情况下,很有可能已经欺骗了你,他们这样说,无非是想要说服你相信他们的观点或者提议。还有一种情况是,对方非常不自信,害怕别人怀疑自己,想要以此来强调事情的真实性,如果是这种情况,就说明对方多半是经常被别人冤枉误解,迫切想要改变现状证明自己。

(6)“应该”“一定”

喜欢说类似“应该”“一定”“毫无疑问”等口头禅的人,大多都比较自信,并且无论在什么情况下,都能保持冷静、理性,不会丧失自己的判断力。有些时候,人们会屈从于他们强大的自信,被他们的观点说服,无条件地信任他们。这类人适合担当领导者的角色,他们能够更好地做出决策,并且拥有强大的安抚人心的作用。

(7)“这个嘛”“我想想”

喜欢说类似“这个嘛”“我想想”等口头禅的人,很有可能正处于需要思考的状态下,这类人通常思维速度较慢,或者对将要做出的决策极为慎重,所以在听到别人的建议之后,会利用这些口头禅作为谈话中间的间歇,为自己的思考拖延时间。

(8)“可能吧”“或许吧”

喜欢说类似“可能吧”“或许吧”等口头禅的人,他们的自我防卫心理较重,对于别人的询问或者试探,他们不愿意泄露自己真实的想法或者真实的信息,想要以此来婉拒别人,隐瞒真实的情况。这类人在工作上格外谨慎而又圆滑,既不会泄露自己的内心动态,也不会得罪别人,进退有度。

口头禅之所以会形成,无非有两个原因:一个是人们经历了某些重要事件,从而在内心留下了深刻的烙印;另一个是长期积累下来的结果。这两个原因都说明口头禅与内心深处的习惯有着紧密的联系，所以仔细观察每个人的口头禅，我们就能从中了解到他们掩藏的真实心理。

5. 说话风格，体现一个人的修养

与其他习惯一样，说话风格也是经过长期实践与经验慢慢形成的，它与个人的生活环境、教育背景及个人喜好等有着直接联系。从一个人的说话风格，就可以看出他具有怎样的性格特征。不可否认，说话风格不仅能够展现个人魅力，赢得别人的好感，还能体现一个人的修养。

古人云："修身、齐家、治国、平天下。"可见，"修身"一项非常重要，是后三项的前提。什么叫"修身"？修身是指陶冶身心，择善从之，博学于文，涵养德行。古人看重修身，现在我们同样看重这一点，个人修养是行走于生活与职场的第一堂课。

修养是指一个人的知识、艺术、思想等方面的水平达到一定的高度，大多数人的修养基本是靠后天逐渐养成的，通过不断的学习与磨炼，逐渐提高自己的文化知识，以及待人接物、为人处世的方式，最终形成一种良好的修养。

平日生活中，能够体现一个人良好修养的地方很多，比如举止得体、宽宏大量、学识渊博等，可是很少有人把个人修养与说话风格联系在一起。无论是在生活中，还是在工作中，我们常常能够遇到那些说话风格很尖锐或者令人讨厌的人，这些人可能都受到过很高的教育，学富五车、才高八斗、机智过人，但是他们的行为方式和说话风格却常常让人感到不舒服。

良好的修养不仅可以使自己的各方面得到充实，同样可以使周围的人感到舒服。一个人的修养可以体现在气质、理想、文化上，同时也体现在平素的生活习惯和处事方法上，尤其是一个人的说话风格，更是与自己的修养息息相关。

一个有良好修养的人，并不一定是一个文化水平和学历多么高的人，它与人所受的教育和家庭背景没有直接的关系，更没有绝对的关系。一个出身普通家庭的孩子，可能十分知书达理，讲礼仪，有品位；一个来自家境富有的家庭的孩子，也很有可能蛮不讲理，自私自利，以自我为中心，完全不顾及他人的感受。

这样的人并不少见，一些学识很高的所谓社会精英，也很可能做出缺乏修养的行为，让人震惊。比如有的人随地乱扔垃圾，有的人随意破坏公物，有的人不注意文明用语等。这些人或许不是故意为之，但是他们做出这样的行为，充分说明他们没有良好的个人修养。

一个人想要得到别人的尊重，甚至是别人赞赏的目光，就必须提高自己的修养。修养无论对于什么样的人，都是非常重要的，它是与人交往的前提。一个具有良好修养的人，懂得如何与人相处，尊重他人的想法，很好地掌握人际交往的深浅分寸，知道什么场合说什么话，哪些该说哪些不该说，绝不咄咄逼人，让对方下不了台，更不会滔滔不绝，夸大其词，卖弄自己。同样，不管在什么时候他们都能够收放自如，该幽默就幽默，该严肃就严肃，保持适度的姿态，不张扬，不迎合，永远只做自己。

有的人在跟别人交谈时，面带微笑，语气柔和，给人一种清风拂面的感觉。当别人说话时，不会故意插话或者打断别人的话，更不会四处张望，目光闪烁不定，而是认真倾听，时不时地对对方所说的观点点头致意，适当发表自己的看法，但绝不与人争执得面红耳赤，即便与对方的观点不一致，也表示尊重对方，保留自己的观点，因为他明白“己所不欲，勿施于人”，很多事情并没有对与错，不必非得出“1+1=2”的结论。

这种令人感到愉快的说话风格，会让你从人群中脱颖而出，甚至广受大家的欢迎,因为没有谁不喜欢一个具有良好修养的人。

一个拥有美丽外貌的人,一个拥有甜美声音的人,都可以轻易得到别人的喜欢,尤其是初次见面,这样的人具有天生的优势。可外貌与声音都是与生俱来的,是父母赋予的,它们可以让人在短时间内赢得大家的好感,却不能永远吸引别人。随着时间的流逝,接触得越来越多,交流得越来越深入,彼此了解得越来越多,如果没有良好的修养与深刻的内涵,别人说什么,你无法应对,慢慢地就会无话可说,双方的距离自然会越来越远。因此,要想在获得初次的好感之后,还能受到大家的喜欢,必须依靠良好的个人修养。

良好的个人修养就包括说话风格。每个人的说话风格都有其独特的地方,每一种不同的说话风格都会引起不同的回应。那么怎么样才能在说话风格上体现自己的修养,让别人对你产生好感呢?

(1)少说

"少说话,多做事",这是我们初进职场时都会听到的话。几乎每一个老员工都这样对新员工谆谆教诲,可是很多新员工并不能领悟其中的精髓,以致"不听老人言,吃亏在眼前",然后才慢慢学乖。不仅在职场上,生活中也一样。一个有良好修养的人,在与人说话时,不会随心所欲,想说什么就说什么,甚至不计后果,不管对谁都掏心掏肺,说个不停,这不叫真性情,这叫没规矩。

不管什么时候,我们一定要懂得控制自己的话量。"少说话"并不是让我们在说话时惜字如金,或者干脆不说,而是要把话说得精准,说得恰到好处,别说废话。有些人在说话时,往往用很长的篇幅来进行铺垫,一句话能够说清楚的事情非要用三十句话来讲,结果别人听得一头雾水,抓不到重点,半天也不明白你到底要讲什么,很快就会不耐烦。碰到面试之类的场合,对方很可能会中断谈话,让你失去一次很好的机会。所以,在很多正式场合,说话尽量不要绕弯子,有事说事,直截了当,这样不但能够体现一个人的自信和干练,还能节省大家的时间,让听你说话的人有一种安全感,把事情交给你觉得踏实、安全,从而愿意与你做更深入的交流。

(2)慢说

有的人说话速度特别快,有的时候甚至快到对方听不清楚。这些人或许是天生语速较快,或者是故意卖弄。慢说,不是像《疯狂动物城》里的树獭"闪电"那样自带延时功能,永远慢上十八拍,即便你想那么做,也做不到"闪电"一样呆萌可爱,最终只剩下"呆"了。慢说,是指与人交谈时,要注意自己的语速,你要把话说清楚,还要让对方听清楚,有条理有分寸,既不会太快让人听得糊里糊涂,也不要太慢让人心生厌烦。

有些人在跟人交谈时会因为某些原因忽然发起脾气来,这很大一部分原因就是说话语速过快引起的。当我们说话时,尽量把语速适当放慢,想好了再说,情绪就不会那么容易激动,避免说出过分的话,或者让人感到不舒服的话。

慢说不仅可以让我们保持良好的个人形象,不致激动失态,还有一个好处就是,能够帮助我们在说话过程中观察对方的反应,随机应变。

(3)轻声说

一个人说话嗓门较大,声音过高,就很容易让人认为是没有修养的表现。特别是在一些重要场合,我们在说话时,一定要注意轻声细语,有道是"有理不在声高",不管什么事情,都用不着急赤白脸,大喊大叫。人的嗓门一旦提高,声线就会变得尖细,让人听了非常不舒服,一听就知道对方气急败坏、方寸大乱,那么,对那些别有用心的人来说,很可能会乘虚而入。所以想要维护自己的优雅气质,说话时一定要注意轻声慢说,气定神闲,保持一种成竹在胸的气度。

(4)笑着说

面带微笑,不仅可以使人产生亲切感,拉近彼此的距离,还能够体现一个人良好的风度,有时,说不定还能够收获意想不到的惊喜。

尤其是面对初次见面的陌生人时，面带微笑，会让人放下戒备心，坦诚相待，彼此之间更容易建立信赖感。如果在说话时板着脸，不苟言笑，就会无形中给人造成压力，让人不敢亲近，有话也不会直言相告，甚至让人怀疑是不是有什么不满或是不是有所保留。但如果你面带微笑，就完全不一样了，让人瞬间便有了自信。

(5)想好了再说

“三思而后行”，说话也同样如此，讲得通俗一点，就是得“过脑子”。在开口说话之前，首先要学会思考，不能信口开河。没有经过深思熟虑，满口胡话，是一种愚蠢的做法。聪明的人用脑袋说话，愚蠢的人用嘴说话。想好了再说是一种成熟大气的表现。

说话风格不同，得到的回应也不同，想要从别人那里得到什么，首先要付出什么。当我们在说话风格上体现出个人修养时，得到的会比我们想要的更多。

第五章　身体姿态，一动一静揭秘你的心理活动

1. 站姿，能反映一个人的秉性

一个人的站姿可以透露出多少信息？我们平时注意的大多是一个人的外貌、衣着、习惯等，很少会特别关注一个人的站姿。但是，要知道，我们从小到大，就被父母教育要"站有站样，坐有坐样"，可见，优雅的站姿也体现着一个人的良好教养。同时，在心理学上，站姿也透露着人的性格与心理。

中国有句俗话："站如松，坐如钟，行如风。"站姿最能体现一个人的风度，这也是我们从小到大受到的教育，就算在自己家里，父母也常常要求我们"站有站样"，更别说出门做客了，在长辈或不熟悉的人面前，不可以过于随便，东倒西歪、双手插兜、不停抖腿等，不然就会被认为没有教养。要是被别人说"这个人真没教养"可是非常严重的，连父母一起给批评了。

当然，在家里或去做客只是很小的一方面，我们生活在这个世界上，大部分时间不是站就是坐，睡觉的时间十分有限，所以说，站姿很能体现一个人的行为习惯、性格特征及心理状态。

正确健美的站姿会给人以挺拔劲秀、舒展俊美、庄重大方、精力充沛、信心十足、积极向上的印象。而不雅观的站姿，比如在正式场合与人站得太近，双手交叉、双臂抱在胸前或者两手插于口袋，身体

东倒西歪或依靠其他物体等，会让人感觉轻浮、不懂礼仪，同时也会觉得自己不受尊重。

下面我们举几个具体的例子，说说不同站姿反映的不同心理。

(1)双腿交叉站立

如果站着的时候，双腿交叉站立，或者同时双手交叉抱臂，喜欢采用这种站姿的人大多极度缺乏自信。也有可能是内心比较容易害羞或者当时的心情比较紧张，手足无措。有的人在参加一些大型会议或者在重要场合时，表面上看起来很平静，很镇定，若无其事，十分有风度，而此时，假如你看到他们双脚交叉站立，就说明他们内心并不平静，甚至很紧张，生怕出错。另外，经常采用这种站姿的人，可能出于自我保护的心理。

(2)单脚直立，另一只腿弯曲的站姿

如果在交谈过程中，对方忽然改变站姿，一条腿直立，另一条腿倾斜放置或者交叉在另一只脚上，这样的姿态表达了对方的一种拒绝态度，或者保留意见、不愿意随便开口的意思。如果正常情况下，有的人喜欢采用这样的站姿，说明他们可能对周围的环境感到拘束或者没有信心。

(3)双手插于口袋的站姿

不论是在交谈中，还是平常的行为习惯，如果有人在站立时经常把双手放在口袋，则说明他们内心城府极深，不愿意被别人看透自己的内心，对谁都有防备心理，不愿轻易向别人吐露自己的心声，也不会情绪外露，所以通常采取这种戒备和严谨的姿态。其实这类人在性格上相对保守、内向，不喜欢与外人打交道，但是在工作中又比较谨慎，警觉性也很高。

(4)一只手置于口袋，另一只手放在身旁的站姿

有的人习惯双手放在口袋，有的人则习惯一只手放在口袋，另一只手放在身旁。相比之下，后者，也就是一只手放在口袋的人多了一分真诚。他们在与人相处时，通常推心置腹，但是也会出现极

端的情况，比如冷漠如霜，对别人处处防范，在自己的身边筑起一道围墙，既保护自己，又防备他人。

（5）背手而立的站姿

在与人交谈时，很多人感觉双手无法放置，便背手而立。这看似是一个很小的习惯，但其实背手而立的人通常在性格上喜欢掌控别人或控制局势，极度自信。他们通常在生活中扮演强者的角色，在与别人交谈时，也喜欢占据主导地位，常常居高临下，发布命令。

如果在背手而立时，一只手抓住另一只手臂，则说明正在压抑着自己的愤怒或者其他负面情绪，是一种自我控制的状态。

（6）双手交叠于胸前的站姿

如果是在与人交谈时，采取这种双手抱臂于胸前的站姿，说明对方正处于一种自我防备的状态，或者说正处于一种自我保护的防范心理，说明此刻他并不完全信任眼前的人，不愿意别人靠近，随时准备对到来的侵犯采取措施。习惯采取这种站姿的人一般性格都较为强势，坚韧不拔，不会轻易向逆境和困难低头，面对难题总是有一股冲劲。同时，这类人在与人相处的过程中，通常表现得比较自私，很看重自己的利益。

（7）叉腰而立的站姿

双手叉腰而立，双脚分开与肩同宽，采用这种姿势的人，大多具有极强的自信心，在与人相处的过程中，希望在心理上占据优势，由此摆出一副随时进攻的姿态，同时，这种姿势，也表明对方有一种潜在的压迫感。如果在站立时，双脚不停地拍打着地面，则说明对方在暗示自己的领导地位或者权威，不容许别人挑战自己。

除了这些具体的站姿之外，生活中还有很多不同的站姿，同样代表着不同的心理与个性。

当你乘坐地铁或者汽车等公共交通工具时，无事可做，不如试着观察一下周围的人，看一下每个人是怎样抓吊环的，分析一下，不同的动作习惯代表着怎样的个性与心理。

如果手握吊环，并且喜欢将手与吊环完全接触的人，大多有着严重的掌控欲，他们希望将所有事物控制在自己的能力范围内，不喜欢控制不住的感觉，也不喜欢被别人掌控。同时，这类人对喜欢的东西有着非常严重的独占欲，但同时他们也非常渴望安定下来。

如果手握吊环，但只是用手指尖勾住吊环，并不与吊环完全接触，这类人通常独立性很强，如果是男性，那么他们一般个性非常高傲，不喜欢被别人指挥，很有主见，不愿意附和别人。

如果站着的时候不喜欢抓住吊环，而是抓住吊环上面的皮革部分，这类人有很强的洁癖，他们认为吊环不干净，所以不愿意用手去抓。但同时，抓住吊环上面部分的人通常也有很强的独占欲。

如果一只手同时抓住两个吊环，如果不是因为太过疲惫，想要更牢地站住，就说明这类人的依赖心理很强，他们对外界事物有一种怀疑心理，缺少主见，容易妥协，且意志薄弱，需要依靠别人。

如果在抓住吊环时，手还在不停地抖动，说明这类人极其不安分，他们的内心也十分不稳定。

无论是男性还是女性，每个人都有自己独特的站姿习惯。从站姿上，我们可以分析对方的性格和心理，如果想要掩藏自己的情绪，不被别人看穿，那么我们就要时刻注意自己的站姿。我们在站立时，抬头挺胸，双目平视，面带微笑，这种得体的站姿不仅会给人一种放松的感觉，受到别人的尊重，还会令自己感到呼吸自然、心情愉快。

2. 如何通过坐姿了解一个人

站姿，能够反映一个人的个性特点，坐姿也同样能反映出了一个人的个性特点。平时，每个人的坐姿或许并不固定，但总有一些相对比较喜欢、个人感觉比较舒适的姿势。比如，有些人喜欢跷二郎腿，有些人总是双腿并拢，而有些人则习惯双脚叠放，可能还有更多稀奇古怪的姿势。慢慢地，形成习惯，而这些习惯性的坐姿，便透露着主人独有的性格特征与心理活动。

心理学家研究表明，一个人的心理活动往往通过各种各样的小动作和微表情表现出来，其实很多时候，坐姿的习惯和喜好也能透露出一个人的心理状态，那么不同坐姿形态与心理活动之间又有怎样的关联呢？

(1)双膝紧闭的坐姿

在与别人交谈时，采用双膝紧闭而坐这种坐姿的人通常性格内向，为人处世比较悲观，容易消极。他们对事情有着极高的目标与渴望，但是又不愿意付出相应的努力，总是想要依靠外在的力量，比如依赖父母或者长辈。在生活中，这类人群也通常不甘于寂寞，喜欢热闹的场合。

(2)双脚并拢，脚掌着地的坐姿

在与别人交谈时，常常采用正襟危坐，双脚并拢并微微前伸，同时双脚脚掌全部着地这种坐姿的人，在性格上较为正直坦诚，为人处世也表现得坦荡无私。在工作中，做事比较稳妥且有条理，但有的时候，也容易钻牛角尖，对自己认定的事情不会轻易改变，是一个思虑周全，同时又胸怀宽广的人。

另外，喜欢采用这种坐姿的人大多都有一定的洁癖倾向，甚至在有些事情上面比较呆板、不易变通。从外表来看，这类人性格冷漠，不易接近，其实他们内心非常热情和真诚，属于外冷内热型的人。但他们做事一板一眼，所以很难有创新和新意。这既是优点也是缺点。

(3)手脚敞开的坐姿

坐着时，将两腿分开，双手不拘泥于放在某个位置，这是一种敞开的姿势，看起来非常有气势，甚至会给人造成一种压迫感。采用这类坐姿的人多表现得很有自信，有时还有些骄傲，他们深信自己的能力，大部分人在社会上扮演着领导者的角色。同时，这类人喜欢追求新鲜有趣的事物，能引导潮流，总希望做些别人不能做的事情，从而让别人跟随。另外，他们性格豪爽，人缘好，朋友多，敢说敢做，不怕批评，其他人就很难做到。不过，很多时候，这种坐姿也会让他们看起来有些自以为是。

(4)脚尖并拢，脚跟分开的坐姿

落座时，两膝盖紧挨着，脚尖并拢，小腿与脚跟分开成内八字，采用这种坐姿的人十分普遍，特别是在女性中较为常见。这类人在性格上比较偏向保守，有点自卑，有时还表现得手足无措、犹豫不决、经常拿不定主意。在生活中，这类人也比较腼腆害羞，只有跟亲近的、熟悉的人才会敞开心扉、畅所欲言，但是对陌生人戒备心很强，多说几句话都要酝酿半天。他们不愿意主动交际，只想在自己熟悉的交际圈里活动，对出入社交场合有恐惧心理。不过，这种坐姿的人中也有一些人具有极强的洞察力，对别人的情绪变化十分敏感，能注意到很多一般人不注意的细节，可有时候，他们对自己的能力又太过盲目自信，容易造成难以收场的局面。

(5)双脚交叉伸向前的坐姿

男性在采取这样的坐姿时，双脚伸向前，脚踝处交叉在一起，同时双手会交握置于身前。而女性在采取这样的坐姿时，双手会自然垂放于膝盖上，或者双手交握于膝盖上。习惯这种坐姿的人大都十分自信，有才气，懂得协调周围的人际关系，他们多为发号施令者，或身居高位，习惯于支配属下。但同时，采用这种坐姿的人中有少部分有着极强的嫉妒心理。

值得一提的是，这种坐姿也体现了人们的一种防御心理。对那些平时不习惯这种坐姿的人来说，一旦他们采用这种姿势，说明他们内心非常紧张，但是又不得不控制自己的情绪，不愿意被别人识破。

(6)双腿不停抖动的坐姿

有些人落座之后，会不由自主地开始抖动双腿或双脚，或者用脚尖不停地点地。这种人不在少数，在生活中是最为常见的一种坐姿。我们看到这样的人，都会产生一种看法，觉得这人真是没教养，不懂规矩。的确，这种散漫的坐姿，很容易让周围人产生不满的情绪，是一种非常不好的习惯，其实这种坐姿也体现了主人的性格和心理。通常喜欢抖动双腿的人，他们性格比较古怪，不好相处，甚至多为自私自利之人，对别人非常吝啬，还喜欢做一些损人利己的事情。当然，如果他们能够端正态度，充分发挥自己的优点，灵活应变，说不定可以产生许多出其不意的点子，做些标新立异的事情，令人刮目相看。

(7)跷二郎腿的坐姿

落座时，将左腿(右腿)交叠放于右腿(左腿)上，跷起一脚，这就是我们常说的“跷二郎腿”。这是我们平时最常见的一种坐姿，也是我们最常采取的一种坐姿，觉得这样比较舒服，特别是长时间坐在办公室或电脑前的白领，比较常用这种坐姿。很多人认为，这样的坐姿很不礼貌，特别是在长辈或上级面前，不宜采用这种坐姿。不过，单从性格特征来分析，喜欢采用这种坐姿的人，都有较强的领导能力，比较自我而随意，不喜欢被人约束。在正式场合采用这种坐姿，传递给对方的信息多半是高傲或冷漠，这类人为人随和，热爱生活，在人际关系方面，处理得十分圆滑，是非常强大且自信的一类人。

(8)左脚放在右腿上的坐姿

这种坐姿在男性中比较常见，采用这种坐姿的人通常属于慎重派，他们心思缜密，且拥有非常丰富的知识，同时性格乐观，积极向上，为人热情。在与人交谈时，能说会道，侃侃而谈。另外，这类人的实践能力非常强，对任何事情他们都愿意亲自实践，且善于接纳他人的意见。在工作中，这类人大多是优秀的管理者。

(9)双手托腮的坐姿

采用这种坐姿的多为女性,通常情况下,这类人心思单纯,率真坦诚,毫不虚伪,但缺点是极易相信别人,缺乏判断力,又心志不坚,很容易被别人利用。这类女性的依赖心较重,凡事不爱思考,优点是平和温顺,很少与人发生矛盾冲突。

(10)骑在椅子上

采用这种坐姿的人,要么是放荡不羁、潇洒豪迈,要么就是抱有敌意,带着故意挑衅的态度。

(11)半躺而坐,双手抱于脑后

手脚伸开,双手抱于脑后,懒洋洋地半躺在椅子上,这种坐姿看起来舒适惬意,喜欢采用这种这种坐姿的人,大多都性格温和,处事圆滑,但他们并不随波逐流,做事有一定的原则。这类人有较强的逻辑思维能力,意志坚定,注重效率,非常清楚自己想要什么、该做什么,将工作与生活处理得很好。当然,有时采用这种坐姿的人,可能对谈话对象有些轻视,或者对所要说的事情并不在意。

还有其他更多稀奇古怪的坐姿,比如,有些人习惯坐在椅子边上,说明他不自信,性格腼腆;有些人习惯趴在桌子边,说明他不拘小节,或者对谈话兴趣浓厚。落座时的样子也是各有不同,有的人慢慢坐下,有的人猛然坐下,不同的人、不同的坐法,无不坦白地说出了各人的心理状态。不过,也不能一概而论,陌生人与知心朋友,在家里与在公司,都有所不同。有的时候,同一个人在不同的情况下也会采用不同的坐姿,这是人本能的应激反应,或许并不代表特别的含义,不必过于紧张。

由此可见,坐姿往往在不经意间泄露一个人的性格和心理活动,甚至在很多时候,坐姿还可以帮助我们更好地掌握对方的情绪变化,以便我们的交往能够更加顺畅。

3. 不要小瞧一个人的睡姿

人的任何一种举动都反映着自己的内心活动,睡觉的姿势也不例外。一个人的睡姿从小到大随着年龄的增长而变化,有天生的,也有后天形成的。但是,每个人睡觉的时候,都是他最放松、最真实的时候,所以睡姿不同程度地透露着主人的性格特征。不同的人,不同的睡姿习惯,同一个人,在不同环境下的不同睡姿,都有不一样的解读,折射出完全不一样的心理变化和情绪起伏。

法国身体语言专家、心理疗法专家约瑟夫·梅辛格的研究称,睡眠习惯和睡姿很大程度上显示出人的性格。白天,我们正常与人相处时,想要掩藏自己的个性和心理情绪变化是很容易的,但是晚上在休息时,会下意识地放松身心,以最真实的状态面对自我,此时,一个人的睡姿是最接近他本身的性格的。通常情况下,不同的睡姿代表着不同的个性特点。

(1)仰面平躺,双手紧贴身体两侧

在睡觉时,仰面平躺,把双手紧贴于身体两侧,这是一种看似非常标准的平躺睡姿。喜欢这种睡姿的人一般性格比较内向、保守。但同时,这种看起来标准而普通的睡姿,也说明他们坦然接受外界,对自己很有信心,诚实可信,做事很积极。不管是在生活中,还是在工作中,喜欢这样的睡姿的人在做事情时永远都是一丝不苟,严于律己,严格地按照规则执行任务,但是久而久之,他们也会将对自己的严格标准用来要求别人。

(2)趴着睡,肚子贴近床面,其他身体部位随意摆放

在睡觉时,自始至终都把肚子朝下,保持趴着的姿势,身体的其

他部位会随意摆放，不拘泥于某种姿态，不一定会随着肚子一起面朝下。在追求舒适的睡姿时，仍然不忘把肚子朝下的人大多性格自私，心胸狭窄，讨厌意料之外的事情，对小事特别在意。凡事喜欢以自我为中心，不太会顾及他人的感受，说话直接，不会拐弯抹角，得罪人而不自知。无论是在工作中还是在生活中，他们喜欢强迫别人认同自己，或者强迫别人适应自己的需求。对于自己喜欢的东西会想方设法地得到，同时认为自己想要的东西也是别人都想要的。在国外将这种人称为“银行职员类型”。因为趴着睡常常会导致呼吸不畅，所以最后会自然地变成仰卧。

(3)手脚缩在一起的睡姿

在睡觉时，喜欢把手和脚缩成一团，抱于胸前，采用这种婴儿睡姿的人，性格多表现为外刚内柔，看似坚强，却有一颗敏感的心。他们属于慢热型人格，初次见面会比较矜持，一旦熟悉之后，便会很快松弛下来。另外，这种睡姿让背部拱起形成一种自我保护的状态，说明这类人非常需要安全感，当人遭遇痛苦挫折或情绪低落时也常采用这种睡姿。

如果偶尔采用这种睡姿的人，说明他最近一段时间比较辛苦，四处奔波，在白天消耗了大量的精力，感觉十分疲惫，以至在睡觉时情不自禁地把手脚缩在一起。如果不是因为劳累而同样喜欢这种睡姿的话，说明他们的肠胃不好，所以喜欢在睡觉时把手脚缩在一起。

(4)身体侧躺，头搁在臂弯上

在睡觉时，侧身躺着，把头部放在自己的臂弯上，这也是一种比较普遍的睡姿。喜欢这种睡姿的人，大多性格比较温和有礼、真诚坦率，他们在生活中和工作中都没有太多的烦恼。不过，这类人也有一些缺点，就是喜欢追求完美，在做事情的时候过于苛求，同时缺乏自信。

(5)身体偏向一侧,双臂向下,贴在身侧的睡姿

这是大部分人都很喜欢的一种睡姿,即侧着身体躺下,同时手臂向下伸展,自然地贴在身体上。这种睡姿看起来十分悠然自得,很有安全感,也说明这类人生活顺遂,没有什么烦心事,对自己的生活和工作各方面都很满意。喜欢采取这种睡姿的人,在性格上大多活泼开朗,喜欢与人结交,朋友多,人缘好,在人群中很显眼,能很自然地成为中心。在工作中,这类人也通常能展现特有的领导能力和号召力。不过,他们的缺点是容易轻信别人,过于天真,心思单纯,耳根子软,轻易就会被别人说服。有时即使被欺骗了也不自知。

(6)身体偏向一侧,双手向外,呈直角形

在睡觉时,喜欢身体侧向一边,双手向外伸直,与身体形成直角形,采用这种睡姿的人,大多都善于交际,性格开朗,活泼外向,适应能力强,很快便能够融入各种集体生活。虽然属于外向性人格,但疑心较重,为人很精明,不愿吃一点亏,做事前会再三考虑,没有想周全绝不轻易做决定,面对不信任的人时,还带有攻击性。甚至偶尔面对看不惯的人与事,还有点偏激和愤世嫉俗,也很难听从别人的建议。从心理学角度来看,这样的睡姿透露出主人强烈的逃避心理,如果最近一段时间喜欢这样的睡姿,说明在生活中出现了解决不了的难题或者想要逃避的问题。

(7)呈“大”字形平躺

在睡觉时,呈“大”字形,怎么舒服怎么躺,床有多大就占多大地方,非常放松。喜欢这种睡姿的人,在性格上表现得大大咧咧,爽直坦诚,从不较真,心胸宽广,而且对朋友特别真诚。因为这种仗义、不计较的性格,可以结交很多朋友,而且属于知心大哥大姐型,朋友很信任他们,喜欢向他们倾诉心事。他们没有什么坏心眼,无论是对待朋友还是对待家人都非常的友好。但是这类人在性格上也存在缺点,他们喜欢多管闲事,喜欢唠叨,有时可能还会在人背后说长道短,容易引起别人的不满。

(8)双手枕在脑后

在睡觉时,双臂弯曲叠于脑后,将自己的双手当枕头,很少有人长时间采用这种睡姿,如果有,那么,这类少数人属于浪漫主义者。他们通常感情细腻而丰富,有时还可能莫名地产生极其强烈的情感。他们是很好的倾听者,乐于助人,朋友众多,却并不喜欢标新立异,是人群中站在角落里的那一个。而且,这类人有着高度的智慧和学习热情,不时迸溅出别致的火花,适合做创造性的工作。另外,这类人特别念旧,喜欢追忆往日时光,但是正因为如此,常常过度感慨时光的流逝,反而错过大好时机,导致碌碌无为、蹉跎一生。

(9)翻来覆去,难以成眠

在睡觉时,整晚翻来覆去,不断地翻动自己的身体,转换各种睡姿,无论哪种睡姿都感觉不舒服、不踏实,要很久很久才能睡着,可又睡得不沉。如果出现这种情况,无非是两种原因。一种是白天的工作太累,或者有很多事情没有处理完,心情焦虑,难以安睡。这也表明这类人在性格上容易杞人尤天,多想多虑,性格敏感。另一种可能是多次辗转迁徙,居无定所,所以在睡梦中也无法安睡,思来想去,越想越烦躁,越想越不安,觉得任何一种睡姿都不适于自己。

每个人都有自己喜欢的睡姿,但也不是一成不变的,在不同的年龄阶段,在不同的心情心境下,睡觉的姿势都会有所变化。这是相辅相成的,就像一个人的睡姿发生了变化,也同时证明他的心理产生了变化。

4. 走路姿势,反映一个人傲慢还是谦虚

就像世界上没有两片完全相同的树叶一样,世界上也没有丝毫不差的人,即便是双胞胎也会有细微的差别。同样,世界上也没有走路姿势一模一样的人,这不仅是身体

上的差异，也是性格的差异。

从一个人的走路姿势去观察他的习惯和个性，是很多心理学家都会采用的一种方法，尤其是仔细观察一个人走路的步伐是否稳健，能够从中看出一个人的心理变化。从前曾国藩看人的方式之一就是走路，通过走路姿态选择合适的将领。所以说，学会从走路姿势来看一个人的性格和心理，是一件非常有趣的事情。

如果一个人走路时，步伐平稳，缓慢而行，看起来甚至是一副慢吞吞的样子，无论同行的人怎么催促，还是不急不缓地按自己的节奏往前走，若他不是故意的，而是天生走路就这样的话，说明这类人是典型的现实主义者。他们做事讲究三思而后行，不会好高骛远，非常务实，在工作中踏实能干，懂得给自己创造机会，容易得到领导的提拔和重用。

如果一个人走路总是急匆匆的，明明不需要赶路，但是仍然走得很快，不愿意浪费时间，说明这类人在生活中是行动派。他们精力充沛、聪明能干，并且喜欢挑战很多高难度的事情，对外界的适应能力也非常强，常常能够快速地完成工作，不会拖泥带水，做事风风火火。而且，这类人重信守诺，说出的话一定要兑现，定下的目标一定要达成。

如果一个人走路时，习惯身体前倾，看起来像是弓着背一样，说明这类人的性格内敛、谦逊，温和寡言，重情重义，做人坦荡，做事稳重，有着良好的个人修养。而且，他们从不花言巧语，不懂得察言观色，一旦他们认为你可以结交，便是一生至交。

如果一个人走路时，像军人一样步伐整齐，两只手臂有规律地摆动，说明这类人的性格非常坚毅，意志力强大，不会被外界因素所影响，喜欢上一件事或喜欢上一个人，就一心一意，别无他想，有着非同一般的强大信念。如果是在工作中，他们认定一件事情或者找准一个目标就会坚持不懈地去完成，不达目的决不后退。同时，他们有高度的组织力，只要接受一项任务，便可以有效地组织起人来完成它，而他们则成为指挥的中心。这类人无论是在生活中还是在工作中都能够充分地发挥自己的优势和长处，不会轻易被别人影响。如果他们处于领导的位置，那么在他手下工作的员工会“不太好过”，因为这类人大多都比较独裁、霸道，甚至有的时候会牺牲员工的利益来达到自己的目标和理想。

如果一个人走路时，喜欢踱方步，说明这类人的性格稳重、沉着。无论他们面对什么样的困难，都不会轻易退缩，随时保持清醒的头脑，不会被感情左右自己的理智，拥有强大的判断力和分析能力。这类人在工作时常常会感到疲惫，但是由于他们的自尊心极强，所以随时要维护自己的尊严，不会轻易在外人面前露出疲惫的神色。同时他们也很在意个人形象，特别是在外人面前，总要收拾得干净利索，然而这样的生活方式偶尔也会让他们感到压抑。

除了这些常见的走路步伐之外，以下常见的几种走路姿势也能够体现人们的性格和想法。

(1)八字形步姿

八字形步姿分为外八字和内八字两种。前者在性格上比较外向，同时在为人处世时具有侵略性。后者在性格上大多都比较腼腆羞涩，他们内心柔弱、善良，容易被别人说服，而且会无条件地割舍自己的利益。

(2)斯文型步姿

这种走路姿势指的是，在走路时，腰板挺直，双脚平放，双手自然摆动，步伐很有弹性，眼睛平视。走起路来从不扭扭捏捏，东张西望，看起来斯斯文文。这类步姿的人性格多为中庸、保守，但乐观自信，对人友善。他们或许没有超级远大的理想，但在处理事情时还是比较有主见，遇事沉着冷静，非常善于思考。

(3)观望型步姿

有些人喜欢一边走一边左右张望，且步伐迟缓，频率杂乱，容易被路边的事物所吸引。这类人性格上比较懦弱胆怯,胸无大志,喜欢占一些小便宜,做事没有恒心,遇到一点困难就会退缩。在生活中,他们不善于与朋友相处,喜欢一个人独居。在工作中,他们没有努力奋斗的上进心,工作效率较低。而且还听不进别人的意见或建议,生活得比较自我,奉行"人不犯我,我不犯人"的原则。

(4)摇曳型步姿

这种走路姿势一般在女性身上比较常见,她们腰肢柔软,走路时就会款款摇曳,步步生莲,千万不要误会采用这种步姿的女性。她们大多数在性格上开朗直爽,为人热情,心地善良,喜欢结交朋友,容易相处,也是人群中比较受欢迎的类型。与陌生人也很快便可以建立起良好的交流氛围,在人群中也很容易成为中心人物。

(5)随便型步姿

这种走路姿势非常常见,大多数人在走路时并没有特定的姿势或者固定的步伐,有时候会双手插在口袋,有时候双手放于身侧,怎么舒服怎么来。通常采用这种走路方式的人大多都表现得热情大方、不拘小节,他们对朋友慷慨、讲义气,但也有缺点,有的时候也会夸大其词、固执己见。

(6)混乱型步姿

走路时,无论是走路姿势还是步伐频率都非常混乱,有时候步伐大小不一,有时候双臂随便乱摆,频率复杂,让人眼花缭乱。这类人性格上多疑且健忘,往往缺少责任感。如果在工作中出现问题,也常常喜欢找借口推卸责任,难堪大用。

(7)昂首阔步型步姿

在走路时,头抬得高高的,步子迈得很大,给人一种豪迈的感觉。这类人通常喜欢以自我为中心,凡事不依赖他人,自信心强,做事干脆利落,从不拖拖拉拉,说到做到。生活中不会乱结交朋友,但一旦认准了可以结交的对象,便真心相待,至死不渝,有英雄豪杰的气质。在工作中,这类人思维非常敏捷,做事有条有理,能够团结周围的人,善于维护自己的外在形象,非常适合做管理者。

(8)拖地型步姿

有些人走路时总是抬不起脚,鞋跟与地面摩擦严重,这类人性格阴郁孤僻,不太合群,总感觉他们内心有许多说不出来的苦闷,做事也没有积极性,墨守成规,没有开拓精神,很少有特殊才能或闪光点,常被淹没于人群中,生活上庸庸碌碌,在事业上也基本上不会有什么作为。

(9)小步快走型步姿

喜欢小碎步快走的人,多数都处于被领导的地位,天长日久,养成了这种走路习惯。他们性格也较为急迫,属于执行力较强的人。

(10)插兜型步姿

一只手插在裤兜里,采用这种步姿的人,多为男性,或者有些男生性格的女孩,走起路来显得格外潇洒,通常来说,这类人都比较注重外表,在意个人形象,性格外向,直率大方,也很重感情。如果喜欢两只手同时插在裤兜里,这类人大多比较悠闲散漫,热爱自由,喜欢天马行空地幻想,有时会容易感伤。

对于熟悉的人,我们常常能够通过脚步声来判断他们的身份信息,这是因为每个人的走路姿势和频率不同,让我们形成了一定的印象。腿部的走路姿势就像人们的其他部位一样,也有着自己独特的语言,当一个人心理产生了变化,那么他的走路姿势也会随之变化;一个人的性格不同,那么他走路时的姿势也会与众不同。尽管人的走路姿势会因时而异、因事而异,但是每个人都有相对固定的走路姿势,学会仔细观察,就能更好地掌握一个人的性格和心理。

对我们自身而言,如果能够很好地调整自己的走路姿势,也可以帮助我们树立起自信心,比如,当我们走路时抬头挺胸,眼睛自然平视,步伐不紧不慢,就会感觉到自信,也会赢得更多人的信任和机会。

5. 通过抽烟的方式也能了解人的内心

对很多人来说，抽烟是缓解情绪紧张、排解心情苦闷的一种方式。这没什么奇怪的，就像我们喜欢唱歌、跳舞、打牌或其他的娱乐和消遣方式一样，都是一种情感寄托。在气氛紧张的谈判桌上，根据不同人的抽烟方式就可以分析出他的性格。生活中，在抽烟量和抽烟的目的上，不同的人也存在着不同的性格差异，想要深刻地了解一个人，我们可以从他的抽烟方式上进行观察。

有的人喜欢抽烟，严重的会成为一种瘾，难以戒掉；有的人不喜欢抽烟，还很讨厌别人抽烟。心理学研究表明，抽烟的人比不喜欢抽烟的人性格更加外向，因为外向型性格的人比内向型性格的人大脑皮层的觉醒度要更低，当性格外向的人发闷时，为了提高大脑的觉醒度，需要借助尼古丁的刺激，所以性格外向的人会更容易产生抽烟的欲望。

通常情况下，抽烟的方式往往能够反映出一个人的性格和内心。具体有以下几种判断方法：

(1)拿烟的姿势

大多数人在拿烟时，一般都是夹在食指和中指的指尖上，这是最常见的拿烟方式，这种拿烟方式也是最舒服的。选择这种拿烟方式的人，性格平和，口才颇佳，喜欢给别人留有余地，给人一种安全感，天真无害；在工作中踏实肯干，细心体贴，办事小心谨慎，优柔寡断，容易急躁，缺少逻辑性思维。比如在谈判时，只要一打乱他的思路，便会顾此失彼，给对手可乘之机。但是他们也很容易随波逐流，习惯于听从别人的吩咐，缺少自主决断能力，不喜欢大胆的冒险，常常让人感到无趣。

有的人喜欢把烟夹在食指和中指的底端，这类人的性格较为强硬、独断，属于行动派，自我意识很强，不喜欢跟随别人的指挥，有很强的执行力，一旦制定了规则便不会轻易改变。他们办事慎重，考虑全面，解决问题很理性。从表面上看，这类人或许老实诚恳，属于脚踏实地的人，但他们往往有着远大的理想，想要做出一番大事业。但是在生活中，却不善交际，也不擅长协调人与人的关系，常常会受到误解。

还有一种是把烟放在拇指、食指和中指之间捏着，这类人在性格上表现得较为冷漠，不善于表达内心的情感，思想顽固；不太喜欢热闹的场合，不懂得与人相处的技巧，但对朋友很真诚。在工作中，他们大多头脑聪明，思维能力强，做事干练有条理，与此同时，还多有点骄傲，容易以自我为主。如果多花些时间了解他们，便可以成为很好的朋友。

拿烟时喜欢翘起小指，这种拿烟方式在女性中尤为常见。这类女性通常心思敏感，容易多想，拘泥于小节，容易被激怒，偶尔会出现暴躁不安的情况。在与人交往时能够做到善恶分明，但是在性格上大多非常娇气，平时的举止也像“林妹妹”一样柔弱。她们对自我的要求非常高，但是又达不到自己的要求，所以常常会感到自卑，缺乏自信。

(2)抽烟的姿势

抽烟时，把烟叼在嘴巴的左边，说明这类人思维敏捷，头脑清晰，在面对困境时能够快速地做出判断，不拖泥带水；计划性很强，做事有计划、有城府，并且行动力迅速，出手果断，常常令对手措手不及。

抽烟时，把烟叼在嘴巴的右边，说明这类人想得比做得多，善于谋虑，心机城府都很深。

如果把烟叼在嘴里，但是烟却向上翘，说明这类人性格骄傲自大，爱慕虚荣。这类人对自己的能力盲目自信，认为无论一件事有多大的困难和阻碍，他们都会完成；喜欢做一些力所不能及的事情，明明没有这个能力，却偏偏为了面子而逞强，最终自食其果。这类人还喜欢以自我为中心，不顾及别人的感受，所以他们的人际关系不是太好，并且大多数人比较清高，不喜欢与人结交。

如果把烟叼在嘴里，但是烟却向下指，说明这类人个性强硬，不会妥协，他们的理性远远大于感性，不会被感情左右自己的思维。在工作中，他们踏实能干，并且做事有条理、有分寸，喜欢按自己制定的规则推进事情。

如果嘴上叼着烟，还不停地干着活，这类人大多都比较自信，能力强，从来不做超出自己能力范围的事情，除非自己有绝对的把握，不然绝对不会轻易接受，更不会轻易许诺。正因为如此，他们按自己的节奏生活，工作上亦然，看起来总是充满了希望，信心十足。

(3)吐烟的方式

喜欢把烟吐到人群中，或者直接喷向自己面前的人，这类人性格上非常自我，喜欢挑战不可能，不愿服输。看到能力强于自己的人，容易产生敌视，而面对比自己能力差的人，却又表现得轻慢或者无礼。如果是特殊情况，这样的吐烟方式说明主人对面前的一切感到不满，故意攻击对方。

习惯把烟向下方吹，努力不把烟弄到别人身上，说明这类人的性格比较温和，而且很注重别人的感受，不会把自己的想法和意愿强加给别人；平时在工作与生活中，非常在意人际关系，对人细心周到，也非常有礼貌，很容易引起别人的好感。

有些人喜欢仰着头，把烟吹向斜上方，很明显，这是一种高傲、轻视对方的表现。这类人性格叛逆、强硬，有较强的攻击性倾向，他们往往唯我独尊、难以沟通。

(4)抖烟的方式

喜欢频繁抖烟，一旦有了一点点烟灰，就要将烟灰抖进烟缸里，即便没有烟缸，也要一直抖烟，即使烟灰很少，也要都抖掉。这类人在性格上多少有点神经质，说明他们平时缺乏耐心，爱较真，压力大，常常处于精神高度集中、神经紧绷的状态，对人对事容易太过小心谨慎，搞得他周围的人也紧张兮兮的，这类人不适合承担重要事务。

有的人抽烟时，要抽很久，烟灰很长一段才会去抖掉，这类人在本质上也属于小心翼翼、做事谨慎的人，缺乏足够的精力和耐心。

(5)灭烟的方式

烟还燃着，没有完全烧完，就直接在烟灰缸中灭掉，喜欢这种灭烟方式的人，性格往往过于散漫，做事不顾后果，缺乏责任心。在与人交往时，以自我为中心，不太顾及别人的感受，甚至不经意间伤害到别人而不自知。缺少自我控制能力，经常把自己的情感和想法强加给别人。

烟已抽到靠近滤嘴处还继续抽着，这类人大多做事疑心重，考虑周全，却因为顾虑太多，往往会失去很多大好机会。

用脚将烟蒂踩熄，很多人采用这种灭烟方式，这是一种不文明的行为，我们应该避免。选择这种灭烟方式的人，多具有暴力和叛逆倾向，对人有很强的攻击性，喜欢挑衅别人，遇事不会轻易服输，有强烈的求胜欲望。对于自身的认知非常不明确，认为自己很受欢迎，喜欢吸引别人的注意力。

有的人将烟蒂丢进烟灰缸之后，还要用茶杯里的水浇熄，这类人大多事业心较重，有点劳碌性格，很在意别人的看法，并因此而使得自己不太愉快，常常因为一点小事或某些事不顺心，而整天闷闷不乐，却不愿向别人倾诉，直到在心里慢慢消化。

现今社会的发展越来越迅速，人们的压力也越来越大，很多人都用抽烟来缓解情绪。的确，抽烟能让人感觉放松，从而让内心的情绪不受控制地透露出来。从抽烟的方式中，我们可以观察到每个人掩藏在内心的情感和心理变化，但是抽烟有害健康，还是少抽为好。

6. 为什么有人喜欢将双臂交叉在胸前

批改试卷的时候,老师会用叉号把做错的题标记出来;面试的时候,面试官会举起带有叉号的牌子表示否定。由此可见,叉号其实就是一种否定的姿态。而我们手臂交叉的姿势就很像一个叉号,不信,你仔细看一下,当有人摆出双臂交叉的姿态时,大多都代表着拒绝的意思。

我们常常用语言表达内心的想法,却总是言不由衷,可是身体从不撒谎,它比语言信息更诚实可靠。通过肢体语言判断一个人的内心活动要比听他说的话还要有效。比如,当有人将双臂交叉抱于胸前,很明显,说明他主动与外界之间筑起了一道屏障,将自己不喜欢的人或物全部挡在外边。看到这样的动作,我们只有一种感觉:他不会轻易地走出自己的世界,而你也很难融入其中。

这种动作在人与人交流过程中很常见,而且几乎全世界对此的认知都一样:消极、否定或防御。当我们在一些公共场合,车站、餐厅、电梯等陌生人比较多的地方,很多人都会不由自主地将双臂交叉抱于胸前,这是人们感到不确定或不安全的时候做出的自然反应。当人们对所听到的内容持否定或消极态度的时候,通常也会做出交叉双臂的动作,即使对方口头上表示赞同你的观点,也不过是碍于面子在应付罢了,这样的谈话没有继续下去的必要。比如,我们听演讲时,发现台下的观众做出双臂交叉抱于胸前的动作,那说明台上的演讲者没能成功地将信息传递给观众,没有吸引大家的注意力,观众既然不感兴趣,当然内心就是拒绝的。

而生活中,喜欢做出这种动作的人,他们的内心都非常敏感,没有安全感,时刻处于防守状态,一旦发现不妥,就立刻摆出防御的姿态,保护自己,但表面上还是很平静,让自己不要表现得太过紧张或害怕。另外,这些人喜欢独处,即使在集体活动的时候,他们也经常会选择一处安静的地方静静地看着大家。有时,这个动作可能只是人的一种本能反应,并没有什么恶意。假如我们看到朋友摆出这样的姿态,不要贸然地上前打扰,或者装作自来熟的样子唐突地去交谈,要理解对方的防备心理,不要给对方增加压力,应一步步试探着慢慢让对方感受到我们的善意,试着让对方接受我们。

曾经有人做过这样一个实验。他们随机邀请了若干位志愿者,这些志愿者之间互不相识,也没有过任何交集,每个人都是第一次见面,完全陌生。实验者将志愿者分成两个小组,要求他们各自围坐在一起。

第一组志愿者,实验者要求他们身体尽可能地放松,不要太拘束,尽量放下警惕心,坐在椅子上不要乱动;第二组志愿者,实验者要求他们全部双臂交叉抱于胸前,并且不能放松。

实验开始之后,实验者要求两组志愿者开始相互交流,结果发现,第一组志愿者能够很快地热络起来,没多久便了解了彼此的信息,并热情地聊起来,好像多年未见的朋友一样。而第二组志愿者人情况却让人失落,他们表现得生疏、沉闷,大家有的看向一边,有的低着头,有的看向天花板,总之有点尴尬,更别说热络地聊天了,偶尔个别人挑起话题,也没有得到积极的回应,然后,大家也都不说话了,直至实验结束,第二组志愿者还是感觉很陌生,甚至连旁边坐着的人的名字都不知道,更不知道其他信息了。

研究结果表明,当人们双臂交叉抱于胸前时,会给人造成一种清高、孤傲,难以接近的感觉,这种感觉会令人望而却步,不敢上前主动攀谈。如果在重要的社交场合摆出这样的姿态,就会打消其他人上前交谈的欲望。

所以,如果我们想要攀谈的对象已经摆出了这样的姿态,那么他们就是在用肢体语言告诉我们“现在我不想交谈,不要靠近我”,

这个时候，我们就应该有自知之明，给对方足够的空间，不要上前打扰。如果我们自己不想让别人打扰，又不好意思直接拒绝别人时，也可以做出这样的动作，表达自己内心的想法。

如果没有其他原因，单纯喜欢将双臂交叉抱于胸前的人，可能防卫心理比较重，他们在平时的社交活动中，喜欢独来独往，不会主动去凑热闹。对其他人的信任度也非常低，即使是面对熟悉的人，他们也不愿意敞开心扉，而将所有的想法藏在心里，不让人发现。正是因为这样的性格，他们的朋友很少，而他们的性格也越来越孤僻，就是一个恶性循环。

双臂交叉抱于胸前除了表示对方不愿意交谈的信息之外，有时还表示对方持有不同观点。

一次，某公司的业务经理召开小组会议，针对下一季度的产品销售进行一次研讨会议，公司还专门请来了著名的销售专家为大家讲演。会议上，专家传授了很多相关的销售经验，并为下一季度的产品销售提出了参考性建议。

在专家发言的过程中，尤其是提出建议的时候，业务经理发现一个很有意思的现象：一部分原本坐得端端正正的小组成员，在专家发表意见的时候，双臂开始不由自主地离开桌面，然后交叉抱于胸前，眉头紧蹙，做出思考的状态。

会议结束之后，业务经理做总结报告时，询问在座的小组成员有什么感受，并表示希望大家积极发言，谈谈对专家提出的销售建议的看法。话音刚落，经理就发现，那些持有反对意见的人，正是在开会过程中，将双臂交叉抱于胸前的人。而那些表示认同的小组成员，要么把双臂放在桌面，要么把手放置在双腿之上。

由此可见，当人们对他人的观点持有不同的意见，但是碍于场合无法直接说出来，他的身体会自动做出否定的姿态，比如双臂交叉抱于胸前。这是一个典型的否定动作，说明他们对他人的意见完全听不进去，或者拒绝倾听。

如果我们在和别人的交谈过程中，提出某些意见时，对方做出这样的举动，我们要停下来询问对方是否有不同的看法，而不是自顾自地继续发表讲演，无视对方的抗议，这样对双方的谈话没有任何好处。当我们搞清楚对方内心的疑惑之后，才能更好地继续接下来的交流，保证沟通的有效性。

另外，有些人做出双臂交叉抱于胸前的动作，是出于防御自保的心理。当我们处于陌生的环境或者遇到陌生人时，也会下意识地做出防御的动作。即使我们外表看起来镇定自若，一旦内心感受到紧张气氛，就会用肢体语言展示出来。尤其是在人们遇到危险之时，感到恐惧不安，也会下意识地抱臂于胸前，以此来保护自己，增强自己的安全感。

除此之外，当双臂交叉抱于胸前时紧握拳头，说明对方内心十分焦虑，或许是因做了一些错事而心有不安，也可能心怀敌意；还有双臂交叉抱于胸前时双手置于腋下露出拇指，如果不是天气寒冷的缘故，那就说明对方非常自信，有一种优越感，做事严谨，把握十足。

一个小小的动作，背后却有如此的深意，这也提醒我们要小心注意，别光看脸上的笑容，还要随时关注肢体语言，那才是最真实的。

第六章　通过日常习惯洞察别人小心思

1. 衣服:性格色彩学的外在表现

每个人不同的行为习惯,反映着不同的性格特征,每个人不同的兴趣爱好,也反映着不同的性格特征。可以说,人的性格特征是丰富的、多面的,是通过生活中的点点滴滴形成的。就如同,每个人喜欢的色彩不同,那他的性格也不一样。从生活用品、家具装修到衣服饰品,你挑选的颜色透露了你的性格、气质,折射着你的内心情感。

每个人喜欢穿的衣服款式和颜色都一定程度地体现着主人的性格特征,心理学家研究表明,人的性格是多面的,不同情境下会折射出不同的特点,但是核心性格只有一种,从性格色彩学上来说,一个人的性格只有一种或两种主色,是最突出、最本色的,其他的都是后天行为,属于副色。

心理学家阿尔勒就此针对 150 名 2 ~ 5 岁儿童所画的绘画作品做了为期一年的追踪调查,得出的结论是:色彩与线条各有其固定的心理意义。假如两种具有不同意义的色彩与线条重叠出现在同一画面上,即表示内心里面有两种不同的感情、愿望互相纠葛。

在心理学上,性格色彩是非常抽象的,在人们还没有任何的语言、动作、表情时,色彩就已经传递出主人的某些信息。通过穿衣看性格,直截了当、一目了然,准确率非常高。

通常情况下,经常穿彩色衣服,或者喜欢五颜六色、款式独特的服饰的人,在性格上比较张扬,爱表现,虚荣心强,喜欢成为人群中的焦点,享受别人关注的目光,同时又流于俗气,缺少秀美。在工作中,这类人很有心机,喜欢耍小聪明,特别任性,听不进别人的意见,经常独断专行,但总是聪明反被聪明误,把事情变得很糟糕。

经常穿深色系衣服的人,性格上比较沉着稳重,平时一般不爱说话,在外人看来,可能显得城府很深,为人处世都非常老练。在工作中,他们遇事不慌,即便在危急时刻,还是能够掌控大局,保持清醒的头脑来思考问题。如果与这类人是对手关系,就要时刻保持警惕性,因为他们常常深谋远虑,并且很有心计。

经常穿浅色系衣服的人,他们性格比较开朗活泼,喜欢与人交朋友,口才颇佳,谈吐得当,善于交际,处事懂得灵活变通。与这样的人做朋友非常容易,也非常舒服,他们没有太深的城府,容易亲近,也能够相互交心。

经常穿单一色系衣服的人,在性格上比较正直、坚强,同时他们的逻辑思维能力非常强,理性多于感性,不会被情感所困扰。他们知道自己想要什么、不想要什么,能够把更多的心思放在重要的事情上,一旦树立了目标,便勇往直前。在工作中,这类人是非常好的合作伙伴。

通过平时穿衣服的颜色分析主人的性格,多指女性,因为男性可选择的衣服颜色比较有限,但也不是绝对的,也有男性喜欢色彩丰富的服装服饰。下面就对具体的几种颜色所代表的不同性格与心理特征进行分析说明。

(1)黑色

黑色是一种非常厚重深沉的颜色。在色彩学中,黑色代表着权威、低调、稳重等,同时也代表着冷漠、防备、固执等,是一种非常神秘且矛盾的颜色。

黑色是很多职场人士会选择的颜色。比如领导会选择黑色，因为他们想要表达自己的权威与低调。年轻职员也会选择，因为他们想要让人看到自己稳重的一面。很多时候，人们想要表现自己的品位，却又不喜欢过于高调引人注意时就会选择黑色。黑色在某些重要场合还能够帮助人们集中注意力。喜欢黑色服饰的人，自视甚高，不愿张扬自己的真性情，希望保持一点神秘感，因此在人群中有一种疏离感，但又坚持自己独特的生活方式。

(2)白色

白色代表着纯粹、洁净、神圣、善良等。但是白色也会给人一种冷漠、疏离的感觉。当人们向别人表达自己的可信度时，会选择白色的服装，因为这样会让自己看起来非常的纯真、无害，容易引起别人的好感。

在职场上，很多员工也很喜欢白色的服装，比如白色衬衫等，这是因为白色看起来比较干净、简洁，给人一种做事干净利落的印象。喜欢白色服装的人，大多是完美主义者，浪漫迷人，有些许自恋，对周围的人或事都比较挑剔，当然对自己要求也很高；同时，他们十分注重生活品质，有别具一格的眼光，总之，这类人一般都过得不错，至少也希望追求更好的生活。

(3)灰色

相对黑色和白色来说，灰色没有那么强烈，也没有那么分明，但能体现与众不同的气质，低调中不失优雅。在色彩学中，灰色代表着诚恳、平凡、沉静等。有时候，灰色在无形中还散发着一种成功的气质，体现出主人沉着冷静的一面。

很多人认为穿灰色会影响自己的精神和气色，会让自己看起来无精打采、暗淡无光，甚至给人一种普通平凡的感觉，但其实灰色在色彩学中同样代表着权威，非常受职场人士的喜爱，一些年长或者有学问的教授等也非常喜欢灰色。喜欢灰色的人，性格上比较成熟、稳重，不会盲目地去做一些冒险或没把握的事情；他们表面看起来有些传统，内心其实有些叛逆，但不会夸张地表现出来，即便在婚姻爱情或人际关系上遇到了挫折或困境，表面上也看不出什么异样，只有他们自己知道心里如何骇浪滔天；他们热爱幻想，有一个谁也走不进去的私有空间。所以，有时候这类人很有一些忧郁的情绪。

(4)棕色

棕色包括褐色、咖啡色系。喜欢这类颜色服装的人不是很多，基本上是一些年龄比较大的人群，只有少部分年轻人会选择这类服饰。棕色在色彩学中代表着安定、平和、亲切等。如果一个人喜欢棕色类的服装，那么他本人一定是一个非常好相处的人，因为棕色会给人一种亲近感，同时能够使人情绪稳定，产生好感。

如果想要不引人注意，或者表达自己的一种亲切友好，可以选择棕色系的服装。但是棕色比较难搭配，如果搭配得不好，很容易给人一种沉闷、单调、老气的感觉，让人感到毫无活力。喜欢棕色的人，大多都个性十足，外表冷静，内心热情，凡事都有自己的想法，而且敢于向别人表达自己的不同；在遇到困难的情况下，他们依然不会轻易放弃。所以，这类人比较容易成功。

(5)红色

在色彩学中，红色常常代表着热烈、活力、自信、张扬等。但同时红色也代表着暴力、血腥、嫉妒等负面情绪。

一般在生活中，我们看到喜欢穿红色衣服的人，他们往往非常的张扬、自信、有活力，这也说明红色是一种能量充沛的色彩，能够很好地调动起人们的积极性，但有时候，也很给人一种轻佻的感觉，具有攻击性，因此在谈判或者协商时，要避免穿红色的衣服，会让别人感觉到很有压力。喜欢红色的人，精力旺盛，个性积极向上，乐观地感染着周围的人，思维活跃、好奇心强，属于行动派，只要认定了一件事，就立刻去做，但不会拘泥于固有的模式中，相反，他们懂得随机应变，善于发现捷径。

(6)黄色

在色彩学中黄色是一种温暖、明亮的颜色,它对人们的大脑也能够产生很强的刺激作用。比如,我们经常看到的某些警告类标牌都是黄色的。鲜黄色代表着聪明、希望、信心等,浅黄色代表着浪漫、娇弱、天真等。不过黄色是一种非常不稳定的色彩,它在某些特定时刻还代表着一种挑衅、招摇,不适合某些重要谈判场合,但是在一些气氛活跃热闹的场合,黄色就很适用,它可以很快地引起别人的注意,也可以使大家的心情迅速变化。

喜欢黄色的人,性格天真烂漫,乐观坦率,灵动智慧,喜欢与众不同的生活,喜欢挑战未知的可能,对新鲜事物怀有极大的好奇心。他们从不隐瞒自己真实的内心,总能带给周围的人愉悦和快乐。

(7)绿色

绿色是大自然中最常见的颜色之一,人们看到绿色,首先想到的就是草地、森林、草原等,让人心情豁然开朗。在性格色彩学上,绿色代表着内向、随和、沉默、中庸及宽容。

喜欢绿色的人,崇尚回归自然,追求平和生活,这类人性格诚实、坦然、乐观、大方,能很好地管理自己的情绪。他们追求和平,不爱强求他人,对周围的一切有很强的洞察力,却从不会喋喋不休地向别人倾诉,相反,他们经常作为一个很好的倾听者陪在朋友身边。他们没有很强的企图心,只希望做一份自己喜欢的工作,平淡地度过一生。

(8)蓝色

看到蓝色,我们就会想到天空、大海、宇宙,这种冷色调给人一种纯净、宁静、辽阔、安详的感觉。很多商业设计,强调科技、效率的商品或企业形象,大多都选用蓝色为标准色。空军和海军,警察和工人的制服也都选择蓝色,因为蓝色同时还代表着忠诚、勇气和可信赖。

喜欢蓝色的人,性格上沉着稳重,诚实可靠,重情重义,在乎周围人的感受,与人交往彬彬有礼。同时,这类人思想深邃,不盲目从众,注重生活品位;他们看起来谨慎小心,但内心跳动着不安分的因子,这让他们一边流露出忧郁的艺术家气质,一边表达着与众不同的独特见解;他们动静皆宜,但更喜欢独处,凡事保持一颗平常心,能看到别人不注意的方面;虽然没有远大志向,但也肯定不是碌碌无为之辈。

除了看衣服的颜色,从其他方面也同样可以看出人的个性特点。比如,喜欢纯棉衣服的人,比较热爱自由,不拘小节;喜欢皮草衣服的人,追求时尚,思想前卫;喜欢穿时装的人,讲究生活品质,思想开明;喜欢穿套装的人,做事严谨,说一不二……看人的穿着来判断一个人性格就像盲人摸象,也只能了解一个人的一面,可能仅仅反映主人的个人爱好、文化素养及对美的不同理解,不代表全部的个性。每个人都是立体的、多面的,随着年龄增长、环境变迁以及流行元素的改变等都可能影响一个人的服装选择。所以,色彩性格只可作为参考,不可作为判定一个人性格的唯一依据。

2. 鞋子:看人先看鞋的科学道理

有人说,看一个人的品位,首先看他穿的鞋子。的确,现今,鞋子不再单纯是保护足部不受伤的一种工具,还代表着主人的偏好、性格与心理活动,这与穿衣戴帽是一样的道理。俗话说“鞋子舒不舒服,只有脚知道”,这话简直是真理。可能我们因为种种原因,总要说一些言不由衷的话、做一些违背本心的事,但没有人愿意选择一双不合脚的鞋。

心理学家研究发现,一个人的行为习惯、穿着打扮都在一定程度上反映出一个人的性格。同样，一个人喜欢什么样式什么颜色的鞋子，也代表了他的兴趣与喜好。通常情况下，鞋子往往比其他服装配饰更能显现出一个人的真实内心世界。当然，一双鞋子也不可能全面完整地揭示一个人的性格特征，但至少反映了主人性格的某个侧面。

每种鞋子的外观、颜色、款式或者功能都各有不同，不管多么挑剔的人，总能找到适合自己的鞋子，并且逐渐形成一种穿着习惯。我们根据鞋子的样式基本可以猜测出主人的性别、年龄、喜好等。虽然凡事没有绝对，但大体错不了。

英国著名的肢体语言专家福利克·埃弗雷特对此曾做过专项研究，他根据不同的穿鞋习惯分析每个人的不同性格。

比如，有人喜欢穿布鞋、球鞋等功能性较强的鞋，他们大多都性格随和，热爱自由，不愿受拘束，喜欢自由职业或艺术类的工作；喜欢穿传统黑皮鞋的男人，多有大男子主义倾向；常年穿一种样式的鞋的人，思想独立，重视自我感受，非常清楚自己喜欢什么、不喜欢什么，他们享受淡然规律的生活状态；喜欢穿没有绑带的鞋子的人，传统保守，遵守规则，没有太大的野心，表现欲望不强；喜欢穿新鞋子或者特别精致的鞋子的人，一般心思比较敏感，而且尤其注重自己的外表。

不同的鞋子款式、颜色等特征能够反映出人们不同的心理特征，下面做几个具体的情况分析：

(1)颜色亮丽的鞋子

一般年轻人喜欢穿颜色亮丽的鞋子，他们活泼好动，很有青春活力。如果除去年龄这一层，喜欢这种鞋的人，在性格上大多比较开朗大方，热情乐观，积极向上，不服输，属于外向型性格。他们也不承认自己老了，至少在心态上他们永远年轻，所以要穿一些颜色亮丽的鞋子向自己也向别人证明“我还年轻”“我很朝气”。除了鞋子，他们也会选择颜色鲜艳的服饰，这都是年轻活力的表现。

(2)价格昂贵的鞋子

选择这类鞋子的多数都是经济水平比较高、讲究生活品质、注重品位的人,他们经济独立,有绝对的条件追求自己喜欢的东西,并且格外注意自己的仪表,不希望被别人看轻。特别是外企白领或刚入职场的新人,都喜欢选择价格较贵的鞋子、服饰等来装扮自己,以示自己一直走在时尚前沿。

(3)款式简单的鞋子

选择款式简单的鞋子,并不一定代表其主人是个枯燥乏味的人,相反,他们有足够的能力掌控自己的生活,不随波逐流,也不会做违心的事情。这类人在情感上大多都比较淡漠,不会被自己的情感或情绪所左右,不喜欢热闹庸俗的场合,不会在没有价值的交往上费心思,不喜欢向别人透露自己的隐私,同样也不愿与别人交往过密。他们行事低调,不在意别人的看法,也不太注意自己的仪表,所以在服装搭配上,他们大多喜欢那些不太显眼的东西。

(4)款式时尚的鞋子

很明显,选择这类鞋子的人,都属于希望引领时尚潮流、走在流行前沿的人。他们大多认为流行的就是好的,不管适不适合自己,只要是流行的,就一定要买。这类人通常喜欢盲目跟风,即使可能自身的条件并不能满足,但依然想尽办法达到目的。还有一小部分人可能出于爱慕虚荣,想要引起别人的注目,所以乐于追求新鲜的事物,表现欲也比一般人更强,包括选择流行、时尚的鞋子。

(5)相同款式的鞋子

重复购买固定式样鞋子的人,不一定是因为懒惰,而是他们非常清楚,什么东西最适合自己,不会因为外界的看法而改变自己的行为。对他们来说,最重要的是自己的感受,而不是别人的目光。这类人还喜欢怀旧,对自己习惯的事物都有着深深的眷恋,对老朋友非常包容,重情义,值得信赖。在感情上,他们相当忠诚,一旦他们有了喜欢的人,就不会轻易放弃。

(6)运动或休闲鞋

喜欢穿运动或休闲鞋的人通常性格积极乐观,待人接物比较亲切,与人相处时让人感到舒服。不要以为穿运动或休闲鞋的人就不注重生活品位,相反,这类人对自己的生活要求很高,选择鞋子不仅要舒适,还注重鞋子的款式,讲究搭配。他们对自己要求严格,生活有规律、有计划,态度谦和有礼,随时保持涵养。

如果是女性喜欢穿运动或休闲鞋的话,说明她很好相处,异性缘比较好。但她们绝不是随便的女生,很懂得保护自己,表面上会与朋友打成一片,但警觉性很强,懂得与人保持适当的距离。这类女生大多表面看来很坚强、随和、乐观,但她们拥有一颗敏感的心,只是不轻易表露给别人看罢了,只要触碰到她心里的点,便会显出女生脆弱的一面。

(7)高跟鞋

高跟鞋穿起来不但不舒服,对脚部健康还有一定的损害,但是很多爱美的女性却无视这一点。喜欢穿高跟鞋的女生,在性格上都大方成熟,头脑聪明,善于思考。当然,很多时候,在某些场合下,为了搭配相应的服饰,女性必须穿高跟鞋,才能让身材看起来更美。大多数爱穿高跟鞋的女生都表现欲强,喜欢被人注视的感觉,享受别人赞叹的目光。同时,她们对自身要求很高,喜欢追求高品质的生活。

(8)靴子

喜欢穿靴子的女性居多,这类女性大多热爱自由,个性相对独立,她们不喜欢被约束,喜欢表现自己。大多喜欢穿靴子的女性,无论是短筒靴子还是长筒靴子,大多数是外表相对漂亮的人,或者是头脑相对聪明的人,很容易得到他人的喜欢。这类女生虽然聪明、有能力,但看起来清高自傲,难以亲近,要想赢得她们的青睐,必须具备一定才华才有可能。

(9)不在乎款式

有些人不太在意鞋子的款式、颜色，甚至鞋已经破损、样式过时，也无所谓，更不讲究与衣服搭配，这类人看似洒脱、超凡脱俗，但其实是很糟糕的。他们眼高手低，没有计划，没有条理，不是得过且过，就是整天做白日梦，想着忽然一天发大财。他们的感情世界也是一团乱，完全不懂得处理情感关系，搞得自己很累，然后受不了之后就逃走，丢个烂摊子给别人。

由此可见，选择鞋子的样式与穿鞋的习惯，可以表示一个人的生活条件、身份和性格。我们每天都要穿鞋子、选鞋子，并与之搭配相应的服装服饰，这一系列行为都是一种独有的语言，向人们展示主人的生活和精神面貌，只要我们善于观察，就能从每个人穿鞋的风格上，分析出他们的个性和心理。当然，每个人的具体情况是不一样的，绝不能将鞋与人们的性格生硬地挂上钩，必须具体问题具体分析。

3. 帽子：真实自我的彰显

以“帽”取人靠不靠谱呢？其实很靠谱。现在，帽子不再只是用来防晒、保暖或者满足工作需要，迎合风俗习惯，更多的是作为一种搭配或装饰，让人整体看起来更协调。有时候，戴帽子纯粹是为了追求时尚、标榜自我，帽子的颜色、款式以及戴帽子的习惯上都反映一个人的个性秘密。

过去，在西方，戴帽子是一种礼仪，特别是一位有身份的人，如果不戴帽子是一种很失礼的行为。而现在，除了基本的御寒、遮阳等需要，帽子的作用越来越多。有些人戴帽子因为害羞，必须遮住额头部分才敢面对陌生环境，这是一种心理暗示作用。有些人戴帽子是一种癖好，就像有人戴项链、手表等饰物一样，不戴帽子就感觉缺少了点什么。有些人戴帽子是为了装酷、臭美，再加上相应的服装服饰，更加引人注目。还有一些职业，必须戴帽子，比如军人、警察等。

帽子的款式各种各样，不同的颜色、样式、功能等，都能帮助主人树立更好的外在形象。很多人可能不知道，在心理学上，帽子的选择也反映了一个人真实的内心与情感。

(1)礼帽

早在 17 世纪时，西方一些国家便开始流行戴礼帽，后来慢慢地成为一些重要场合比较隆重的服饰之一。一般人不太敢轻易尝试戴礼帽，因为它真的很难驾驭，戴得不适当就会显得很猥琐。而一个能将礼帽戴得得体的人，看起来就非常绅士、优雅，展示出一副稳重的气度。正如我们看到的那样，喜欢戴礼帽的人，在性格上一定成熟稳重，他们会在别人面前过度地表现自己，展示自己传统而优雅的一面，甚至由此展现对古典艺术的喜爱。这类人多具备艺术家的气质，很在意自己的外在形象，即使是在炎热的天气，也要从头到脚打扮得非常正式，相对舒适度来说，他们更注重这种礼仪。仔细观察你可以发现，无论在什么时候，他们脚下的皮鞋都擦得锃亮，不允许自己的服装有一点点污渍，要求细节完美。

同时，这类人自命清高，标榜自己是贵族，喜欢端着架子，对那些举止随便、不拘小节的人很看不惯。在工作中，他们认为自己天生就是精英，不能去做基层工作，应该从事悠闲的管理类工作。

由于过于保守和自以为是的性格，他们在工作中缺乏一些冒险和挑战精神；他们不喜欢打破常规，甚至会过度束缚自己，所以通常也不会有什么大的成就，事业也不会做得很大。

在对待朋友的问题上，他们会给人一种高傲、难以接近的感觉。因为他们不喜欢与人太过亲密，在外人面前总是斯文有礼，让人觉得非常有距离感，所以很难有长达十几年的朋友，也很难有知己，大多时候会被别人误解为不屑交往。但是性格上的缺陷会让他们即使想要试图改变,也很难表达自己的想法,甚至往往适得其反,反而拉远了与朋友之间的距离。

(2)鸭舌帽

鸭舌帽是日常生活中比较常见的一种帽子,而且不拘性别,也不拘年龄,很多时尚人士也很喜欢选择鸭舌帽作为搭配。鸭舌帽很实用,没有过多花哨的装饰品,很多中老年人也很喜欢,只要选择好颜色与款式,戴起来都会很好看,显得非常的稳重、踏实。

一般戴鸭舌帽的方式,最正统的就是正戴了。也有些年轻人选择歪戴帽子,将帽舌偏到脑袋的一侧,或者干脆将帽舌戴着脑后头,显得十分可爱,这类人多是通过服饰表达渴望摆脱束缚的心理。有些女生也很喜欢戴鸭舌帽,搭配相应的服装会诠释出浓浓的复古异国风情,给人一种时尚的感觉,又不失俏皮可爱。这类女生多具有一颗洒脱而不甘寂寞的心。

大多喜欢戴鸭舌帽的男性,通常会自认为正直、聪明,他们处理事情的时候会首先选择从大局着想,为了体现自己的大局观,虽然内心不愿意,但是仍然会客观地考虑问题。

在与人交往时,他们表现得很老练,不会很快说出内心的真实想法或者过早亮出自己的底牌,反而会绕圈子,先了解别人的想法,将别人搞得晕头转向,做到心中有数,再打算接下来怎么做。

之所以会这么做,是因为这类人在性格上缺乏安全感,在陌生环境中会自动启动自我保护机制,容易患得患失,想被人理解和了解,却又不愿被别人看穿。虽然他们不会攻击别人,但自我防守也是滴水不漏,外人根本看不出他们真正的心理状态。他们从不会主动去伤害别人,但是也绝不允许别人伤害自己。

这类人大多事业心都比较强,他们中的大多数人会选择自主创业,把命运掌握在自己手中,这样才能让他们有安全感。

(3)圆顶毡帽

喜欢戴圆顶毡帽的人本质上对外界的所有事物都非常感兴趣,

但是不会主动发表自己的看法，比起那些喜欢卖弄学识的人来说多了一分低调，这并不是因为他们主意正，相反，这类人多缺乏主见，喜欢跟随别人的决定，附和别人的观点。

其实他们并不是没有一点想法，只不过是不喜欢与人争论，于是摆出一副老好人的态度，不希望得罪任何一个人，哪怕他们的决定毫不重要，他们也不会随便站队，而是喜欢随波逐流。

从性格上看，这类人好像没有主心骨，不可靠，但其实在工作中他们非常踏实肯干，会全力以赴投入自己的工作，而且不喜欢搬弄是非，也不会投机取巧，他们会专心地付出，然后获得属于自己的回报，没有野心，更不会贪小便宜，占有不属于自己的东西，非常注重传统美德。看起来他们十分随和，但在有些原则性的事情上非常固执，因此他们非常讨厌那些不劳而获的人，却从来不会明显地表达出来。

在生活中，这类人对朋友的选择是非常挑剔的，看起来很好相处，但并不是所有人都能得到他们的友谊，他们想要的是志同道合的朋友。

(4)旅游帽

旅游帽纯粹是装饰之用，既不能防晒也不能保暖，喜欢这种帽子的人非常注重自己的外在形象，他们喜欢装饰自己、掩饰自己。有些时候，他们可能出于遮掩自己身上的某些缺点，或者为达到某种目的，才尽量多地佩戴装饰品，包括帽子。

如果不是因为外出，也没有具体的作用，单纯喜欢每天戴着旅游帽，这类人或许就是疑心重，要在外人面前伪装自己，心机城府都很深，喜欢投机钻营，所以当你和这类人相处时，不要过多地投入真情。因为他们通常也会有所保留，不会完全地信任任何一个人，没有谁真正可以走进他们的内心。

帽子的种类有很多，戴帽子的方式也有很多，一个人的真实性格虽然不会完全体现在帽子的选择上，但是很多细节却会凸显在帽子上，只要我们能够善于观察，捕捉信息，就一定能够帮助更快地了解一个人的真实想法。

4. 手表：戴着并不是为了注意时间

从前，戴手表当然是为了掌握时间，现在有了更多显示时间的工具，手表不再是唯一，甚至可有可无。大多戴手表的人，不再是为了看时间，而是一种身份或社会地位的象征，同时，也是一种配饰。一块小小的手表，不仅显示时间，也透露出主人如何运用时间，戴怎样的手表也能彰显主人当时的心理。

手表，或称为腕表，是指戴在手腕上、用以计时及显示时间的仪器。显示时间是一块手表最基础的功能，同时也可以看出一个人对时间的看法及时间对一个人的影响。不要小看一只手表，一个人对手表的选择往往能够体现出他的性格，比其他的外在装饰更能体现一个人的身份。据心理学家研究发现，一个人对手表的喜好程度，往往折射出这个人的兴趣、爱好和某些特殊的心理。这也就解释了为什么市场上会有各种不同款式的手表——针对不同兴趣、爱好、心理的人而设计。

(1)电子手表

电子手表已经不仅仅是小孩子戴的单一款式，现在很多高级手表品牌也都生产有电子手表。喜欢戴这种手表的人有着很强的独立意识，他们不喜欢受约束，喜欢自由自在的生活，做自己想做的事情。即使手表是用来分辨时间的，他们也喜欢选择这种能够自我控制的手表。

在生活中，这类人喜欢掩饰自己的真实情感，就像电子手表一样，需要的时候按一下，显示出时间，不需要的时候，手表表盘就什么都不显示。而这类人，高兴的时候就表达一下自己的想法，不想被别人看穿时就好好地掩藏自己。所以在别人看来，他们很难相处，也很难交心，谁也捉摸不透，而他们自己却很享受这种神秘感，看到别人对自己进行各种猜测反而有一种成就感。

(2)上发条的手表

喜欢戴这类手表的人，同样具有较强的独立意识，但是与喜欢戴电子手表的人不同，他们不会故意掩饰自己的情绪，甚至会主动表达自己的想法。在工作中，他们对于自己认同的事业非常执着、坚持，就算遇到无数的困难与阻碍，他们依然会坚持下去。

他们喜欢那些能够快速做出成果的工作，所以在耐性上稍有一点欠缺，但是他们喜欢自给自足，认同自己动手，丰衣足食，享受这种自己获得成果的满足感。如果什么事情毫不费力就做成了，他们反而觉得没有太大的意义与价值。

在与人相处时，他们不会投入太多的情感，也不会对别人有过多的关心和接触，是非常冷静且独立的人。

(3)表盘上没有数字的手表

喜欢戴这类手表的人通常具有很强的抽象化思维，同时也喜欢一些比较抽象的东西，比如绘画、音乐等。他们也很喜欢运用抽象化的概念，在讲一件什么事情时，会侃侃而谈，却又不会把它讲得太过直白，享受这种模棱两可、满含隐喻的感觉，认为凡事说得太过明白、看得过于透彻反而会失去意义。

他们喜欢结交高智商的人群，与人相处时，会有意或无意地设置一些智力方面的考验，比如玩一些益智类的游戏。当然了，他们本身也是智商比较高的人，爱思考，所以也希望自己处于这样一个圈子里。

(4)运动手表

运动手表是在生活中很常见的一种手表，既是运动爱好者不可或缺的装备，也是一些时尚人士非常重要的装饰品。前者在意它的功能，比如防水防震等，后者在意它的款式，想让自己更具动感。如果仅仅是作为装饰用的，说明这类人是性格外向、走在时尚前沿的人，年纪较轻，如果上了年纪的人还选择这类手表，证明他们心里不服老，希望有高品质的生活。

(5)多个时区的手表

多个时区的手表是指除了当地时间之外，还显示包括其他一些时区的时间。喜欢戴这种手表的人多是职场精英，常常为了工作全世界飞来飞去，这类人一般能力很强，注重时间观念，事业也相对成功。

除此之外，喜欢戴这类手表的人，通常爱幻想，不切实际。他们喜欢盲目地追求成功但是又不靠自己的努力。有些人可能智商不低，但是他们不愿意把聪明用在该用的地方，甚至一切只凭借想象，不会真正地付诸实践。或许曾计划过要去很多地方，但最终哪儿也没有去，“世界”手表给了他们一个逃离现实的机会。在工作中，这类人常常三心二意，眼高手低，遇到困难不会努力前进，反而会想着退缩，甚至会出现不负责任的情况。

(6)古典金表

很多高层管理者或者领导者都喜欢戴古典金表，除了能够表达他们成功气质之外，还能体现他们的身份和社会地位。他们大多有着长远的发展和打算，不会把眼光放在短浅的利益之上，他们顾全大局，只为追求更大的利益。在工作上，这类人头脑清晰、心思缜密，往往能够抓住大好机遇。他们头脑聪明，凡事看得比较透彻，对很多事情都有预测，是做生意的好手。

在与朋友和家人相处时，他们表现得非常宽容大方，重义气，重亲情，能够与家人朋友同甘共苦，意志力非常强大，不会轻易地向困难低头，这也往往是他们能够成就大事业的前提。

(7)怀表

怀表是一种非常有年代感的东西，现在喜欢戴怀表的人很少，但凡使用怀表的人，多对过去的时光非常怀念，喜欢收集旧的东西。在平时的生活中，他们多是非常优雅而讲究品质的人，在与人相处时也非常重感情。

这类人能够很好地把握时间，虽然他们可能每天都处在忙忙碌碌的状态，但会将所有的事情安排得很合理，不致乱了手脚，顾此失彼。他们懂得划分时间，也懂得自我调剂、劳逸结合。在工作中，他们有很强的适应能力，能够很好地调整自己的心态，是非常难得的人才。

(8)闹钟型的手表

喜欢戴这类手表的人，多数都对自己要求很严格，时间观念非常强，时刻把神经绷得紧紧的。当然，这并不是说他们思想保守，而是办事严谨、讲究效率。生活中，他们非常有责任心，有时候还会刻意地培养自己的责任心。另外，他们有一定的组织和领导才能。

(9)定制手表

有些人不喜欢与别人一样，包括戴手表，也要独一无二，为自己特别定制。这类人大多都非常在乎自己在他人心目中的形象和地位，并且可以为了迎合他人而改变自己。他们时常会大肆渲染地夸张一些事情，以证明和表现自己，吸引别人的注意。

(10)不戴手表

有的人喜欢戴手表，有的人不喜欢戴手表。不喜欢戴手表的人通常不喜欢受到约束，他们向往自由自在的生活，喜欢凭自己的心情做事，不喜欢事事要人提醒和督促。

这类人在性格上比较随心所欲，能够随机应变，不会轻易地被别人掌控，也不会强迫自己去做不喜欢的事情。在与人交往时，他们没有太多的要求，只要自己喜欢，看着顺眼，他们就非常乐意与之交往。

对大多数人而言，手表除了计时这一实用功能，买手表跟买衣服、买鞋子一样，完全是视季节、服饰甚至心情而定，是体现个人风格和品位的装饰品。这样看来，手表也与其他配饰一样，能透露主人的身份信息。

5. 手提包：装东西的同时希望装下内心世界

手提包，是我们平时出门的时候必不可少的配饰。尤其对女性来说，“如影随形，没包不行”，就算上个洗手间都得带着包包。网络上有句戏言：“没有什么事是一个包包解决不了的，如果有，那就两个。”虽是玩笑，却也说明包包在生活中的重要性。现在，包不再单纯地为了装东西，更是一种配饰，是身份与职业的体现。美国著名作家、女性性格研究专家多娜·帕尔托认为，手提包可以揭示女人的心理和性格。

心理学家研究表明，手提包的款式、颜色、价格等因素折射着一些不为人知的心理需求。通常情况下，携带手提包可以给人们带来安全感，增强自信，它就像一个贴心的伴侣，给人以踏实和依赖。还有人认为，手提包是主人的情感依托，在关键时刻还可缓解主人内心的紧张情绪，是人们用来掩饰自己内心世界的良好物品之一。

手提包的款式多种多样，无论是从颜色、款式、价格、功能等方面，我们都可以根据自己的喜好，选择不同的手提包。通过对手提包的观察和分析，我们可以得知主人的性格、品位、喜好，甚至某段时间内的心理变化。

比如，有些人喜欢把包包塞得满满的，找串钥匙都得把包翻个底朝天，这类人性格多大大咧咧、可爱亲切，就是做事不太细致。有的人的包里多是一些眼镜、镜子、指甲刀、纸巾等实用性的东西，说明他事无巨细，体贴入微，把什么事交给他很放心。有的人的包里多放一些工具，像定位仪、商务通、记事本等，说明他性格强势，凡事都希望掌握在自己手中。

除此之外，手提包的大小、质地、功能等，也反映着主人的内心世界。

(1)款式普通的手提包

手提包款式普通，没有什么特别的装饰，非常大众化，喜欢这种手提包的人，大部分都喜欢随波逐流，无论是在生活中还是在工作中都不太愿意出风头，行为处事比较低调，个性不突出，也不爱招摇，有时候容易被人忽略。但是这样的人一般都性格温和、平易近人，不喜欢与人争执，是很好相处的人。

(2)休闲款式的手提包

手提包款式休闲，与服装和鞋子百搭，喜欢这种手提包的人，性格随和，对自己不会有过分的苛求，对外界的人、事、物也没有特别大的兴趣，对周围的人都表现得友好，给人一种安全感。表面上看，这类人非常容易相处，很快就能与人相熟起来，其实不然，他们非常重视自己的感受，不会因为其他外界因素而束缚自己。只是由于性格使然，他们不爱与人争执，但内心始终会坚持自己。

(3)小巧精致的手提包

手提包款式精致，外观小巧，喜欢这种手提包的人，相对比较年轻，没有经历过什么辛酸和苦痛，也正因为他们年轻，充满活力，激情无限，给人一种朝气蓬勃的感觉。不过，一旦遇到困难或阻碍，他们就会经受不住挫折而早早放弃。如果是年龄大一些，相对成熟些的人也喜欢这样的手提包，说明他们的心理年龄非常年轻，留恋曾经的青春岁月，不服老不服输，生活乐观向上，对未来充满期待。

(4)异域风情的手提包

手提包别具一格，充满异域风情或者有民族特色，喜欢这类手提包的人，个性比较突出。他们的自主独立意识非常强，属于个人主义色彩较重的人群。平时他们的穿着打扮，更偏向于定制版或限量版，或者干脆自己做衣服，总之是与人不同，引人注目。在逻辑思维上，他们也常常特立独行，看起来与常人格格不入。不可否认，这种性格的人内心有着强烈的表现欲或者虚荣心。

(5)方形手提包

方形手提包，包括正方形和长方形，喜欢这种手提包的人，大多是把这种形状的手提包当作一种装饰品，主要功能并不是用来装东西。这种手提包的容纳空间相对较小，用来装东西并不是很方便。如果对这种包情有独钟，说明主人情感丰富，敢爱敢恨，敢说敢做，性格上很有棱角。但是有时候脾气难免有点暴躁，说一些过于真实、过于伤人的话。他们虽然在生活中没有经历过什么大的磨难，却很有想法和智慧。

(6)超大型手提包

喜欢超大型手提包的人，性格上多崇尚自由，向往无拘无束的生活，他们很看重人与人之间的情感，可以很快地与人建立亲密关系，也可以很快地就放弃这种关系，说白了，是拿得起放得下的人。生活中，他们看起来自由自在，不喜欢被束缚，很容易赢得别人的好感。但是在工作中，这样的性格却容易让他们形成散漫的工作态度，甚至缺乏职场人的责任感和专业精神，说辞职就辞职，完全不会顾及接手的人有多麻烦。他们不会把别人的想法、看法放在心上，甚至不认为这样的做法有什么不对，你就算跟他们解释，他们也听不进去。

(7)金属质感的手提包

金属属于非常坚硬的东西，金属质感的手提包在一定程度上也具有保护性质，不会轻易被损坏。因此，喜欢金属质感的人通常想要从手提包上获得安全感，同时也从侧面反映了他们的防备心理，不想让自己的内心世界暴露出来。这类人不喜欢主动付出，却享受来自别人的关照,心安理得。他们不太会挑战陌生的环境,只想选一个安全的地方,长久地生活下去。

(8)公文包

用公文包的人大多是职场人士,一般从事销售、管理等职员都喜欢随身携带一个公文包,只要一看公文包,我们就知道他们从事工作的性质。真的成功人士是不需要公文包的,只有刚入职场的新人,才会整天带着公文包,装着各种文件,奔波于客户与公司之间。他们做事小心谨慎,认真准备相关资料,对工作尽心尽力,而且非常有上进心,不知疲倦,随着年龄增长,多会在职场上有所成就。

(9)口袋很多的手提包

有些手提包,里面隔层很多,还有很多功用的口袋,喜欢这种手提包的人,既将手提包当作很好的配饰,又将手提包用来服务自己,比如在手提包里放上一些非常实用的工具。这类人通常性格比较温柔,而且很会为别人着想,乐于助人。但是又相对独立,不喜欢依赖别人,很多事情都要亲力亲为。这样的性格从另一个角度来看,就是对人不放心,凡事都要经过自己的手才行,所以不容易有值得信赖的朋友。

对有些人来说,手提包并不是不可或缺的,很多成功人士根本不必带手提包,所有的东西都由秘书或助理准备妥当,或许所有的事情都在他的脑海里,不需要借助手提包里的文件便可行走江湖。这样的人并不能说他们就没有个性,相反,他们个性很突出,身份更明显。只是对我们大多数人而言,出门总要选择一个适合自己,自己又喜欢的手提包,为了搭配也好,为了实用也好,总之是为了锦上添花。从这一点来说,手提包的样式的确很能反映人们的兴趣偏好、生活品位和心理需求。所以想要了解人们的内心世界,不如先了解他们的手提包。

第七章　生活习惯背后的性格真相

1. 音乐，你的个性彰显

我们高兴的时候听音乐，伤心的时候听音乐，幸福的时候不能没有音乐相伴，团聚的时候不能没有音乐助兴，过年过节的时候，必须有音乐才完美。音乐，无处不在。它是一种解压的方式，也是抒发情绪、表达情感的方式。每个人都有喜欢的音乐类型，不同情境下喜欢的音乐也不尽相同，人们选择的音乐风格代表着各自的性格和心理。

人类不能没有音乐。想想看，假如生活没有人唱歌、没有人弹琴，会是什么样子？也许人依然会照旧活着，却没了好心情，就像整个世界都灰了。音乐，可以表达心情，可以传达情感，任何一种情绪都能在音乐中得到释放。当我们感觉疲惫的时候，音乐让我们放松，当我们开心快乐的时候，音乐可以分享，当我们愁绪满怀的时候，音乐让我们减压。甚至有些时候，音乐还可以帮助人们减轻某些心理疾病带来的困扰。人们喜欢的音乐，与年龄有关，比如小时候喜欢儿歌，读书时喜欢校园民谣，恋爱时喜欢听情歌，到老年时又喜欢怀旧一些的歌曲了；也与人的性格有关，比如有些人喜欢宁静舒缓的轻音乐，有些人喜欢狂躁热烈的摇滚，有些人喜欢宏大激昂的交响乐，还有些人喜欢有节奏感的爵士乐。还有更多其他的可能。世界上有多少人就有多少种选择。

为什么每个人喜欢的音乐风格都不一样呢？是认知审美不同，还是受家庭影响？还是人们只选择符合自己特质的音乐？与彼时彼刻的心理状态有关吗？似乎哪种说法都没错。你有没有发现，当完全陌生的人见面相互问候致意之后，总会聊聊与音乐有关的话题，然后，慢慢地找到共鸣，从而熟悉起来。当然，大家也会聊到其他话题，比如书籍、电影、电视、足球和衣服等，但这些话题远不如音乐更受欢迎、讨论得更热烈。为什么会这样呢？我们从对方喜欢的音乐之中了解了什么信息呢？

心理学家研究表明，一个人的性格是可以通过音乐来判断的，音乐的偏好与个性特征的对应关系如下。

（1）爵士乐

爵士乐最先源于美国，音乐根基来自布鲁斯和拉格泰。爵士乐是一种讲究即兴、以摇滚节奏为基础的音乐形式。爵士乐是黑人文化的精髓，他们向往自由，向往平和。因此，喜欢爵士乐的人通常内心有着丰富的想象力及惊人的创造力。他们属于自尊心强烈的发烧友，对美好的生活有着无限的憧憬。

喜欢听爵士乐的人，大多喜欢宁静而富有情调的生活，他们讲究品质，凡事不爱凑合；他们性格随和，对朋友也十分真诚；他们乐观，对人生充满希望，同时也喜欢说笑和自嘲。

（2）古典乐

古典乐出现于一个特殊的时代，也是现今西方流行乐和摇滚乐的基础。通常喜欢古典乐的人，性格大都比较沉稳安静，同时又有很强的自尊心。他们追求完美，身份、地位及自我感受、人生境界对他们非常重要。此外，喜欢古典乐的人文化素养普遍较高，他们沉浸在古典音乐的特别情感中，向往着美好的生活，自始至终追求着更高的境界。

在与人交往的过程中，他们不在乎自己的社交圈子够不够宽、朋友够不够多，但是对于每一位朋友，他们都能很用心地去交流、相处,以诚相待。

(3)民族音乐

民族音乐是指来自民间,或者流传于民间的音乐形式,着重表现民间生活与民族风情等。中国的民族音乐艺术是世界上别具特色的一种艺术形式。

喜欢民族音乐的人,常常想要避开尘世的繁华,向往山水之乐。性格上,他们更加向往自由和享受。生活中他们也常常展现自己坚强乐观的一面。但其实,他们的内心并不像外表看起来那样热情活泼,甚至会不经意地流露出自己的孤独和寂寞。

(4)重金属音乐

重金属音乐是从 Hard Rock 音乐风格中变化而来的。最开始,重金属音乐的表达方式带有明显的硬摇滚风格。在风格上,重金属音乐表现为沉重的低音、叛逆的歌词、富有激情的演唱方式等。

因此,喜欢重金属音乐的人大多是热情奔放的年轻人。他们有着强烈的冒险精神和爆发力,对任何事都充满了好奇、激情与向往。即使面对陌生的事物也有着自己独特的见解,让人能够感受到青春的气息。表面上看起来,他们这类人热情好相处,但是骨子里非常的自我,不爱交际。

(5)伤感音乐

喜欢听伤感音乐的人,多属多愁善感的人,他们感情细腻,心地善良,又富悲天悯人的同情心。不管什么年龄层次的人,只要符合他们的心境,都会喜欢听伤感音乐。如果不是因为生活不顺、感情受挫,天生就爱听伤感音乐的人,说明他们心思深沉,喜欢把事情埋在心里,不让外人知道。可是,一旦走出自己的小圈,在朋友当中,他们又是活泼的那一个,与朋友嘻嘻哈哈地闹在一起,简直是两个人。

(6)甜歌

别被这个欺骗了,喜欢听甜歌的人,并不是特别外向,反而多愁善感、心思细腻、情感丰富。他们爱幻想,也有意或无意地追求梦幻般的生活。性格上,他们优柔寡断,做事思前想后,很容易受到别人情绪的影响，毫无立场，在面对困难的时候，很快就会放弃。

（7）流行音乐

流行音乐的含义比较广泛，一般喜欢流行音乐的人，大多数是流行什么就听什么，没有特别且长久坚持的爱好，他们喜欢什么，主要看周围的人，发现新鲜事物便会兴冲冲地赶时髦。这类人通常性情还不成熟，无法判断自己的喜好，喜欢盲目追求、跟风赶潮。

（8）灵魂音乐

喜欢灵魂音乐的人看起来性格温柔、温文尔雅、很好说话的样子，但他们的自尊心极其强烈。这类人大多都比较喜欢结交朋友，人际关系十分广泛，拥有很多至情至性、志趣相投的好朋友。在工作中，他们有着惊人的创造力和想象力，而且对工作认真负责，又懂得劳逸结合，是非常懂得享受生活的人。

音乐可以表达情感，也可以放松心情、缓解压力；在不同的环境下，适合听不同的音乐，不同性格的人也会选择不同种类的音乐，所以对音乐的偏好也体现着人们不同的心理与情感。所以，想要判断一个人的个性爱好，从他喜欢的音乐上入手，是个不错的方法。

2. 旅游，行走中释放自己的内心

旅游，听起来多美的一个词。还记得曾经火遍网络的请假条吗？“世界这么大，我想去看看。”一个如此文艺、让人无法拒绝的理由，难怪会引起大家共鸣。行万里路，读万卷书，谁不希望来一场说走就走的旅行呢？不过，说起来，每个人喜欢的地方都不同，有的喜欢热闹的景区，有的向往幽静的山谷。那么，你为什么会喜欢你所选择的，而不是别人选择的呢？

一个人的性格决定了他喜欢什么样的环境与景致，反过来说，一个人选择的旅游地点也与他们的内心性格有很大的关系。比如，性格安静的人比较喜欢自然山水等风景，而性格活泼开朗的更喜欢去繁华的城市旅行。那么，风景与人的性格是怎样的对应关系呢？

(1)原生态的自然旅游景点

原生态自然旅游景点包括人迹罕至的岛屿、森林、山峰等。喜欢这类原生态自然风景的人通常性格上比较爱冒险，喜欢探索未知。他们大部分喜欢爬山，徒步旅游。在他们心目中，过程比结果更重要，所以，一般他们不会选择那些被开发过的，或者人满为患、熙熙攘攘、毫无挑战性的热门风景区，而是选择那些很少有人踏足、一般人轻易不敢前去、充满未知挑战的地方。

在生活中，这类人性格比较外向，活泼开朗，做事大大咧咧，不喜欢拐弯抹角。在与人交际时，乐于打交道，也善于结交，健谈，能够很快和陌生人打成一片。

工作中，这类人一般也会选择更有挑战性的工作，他们不会安居一隅，安于享乐，而是刻意追求激情与刺激。他们头脑灵活，想象力丰富。如果作为团队领导者的话，他们乐于帮助他人，爱护队员，凡事会第一个冲上前，不会贸然让别人涉险，永远把危险留给自己。另外，这类人拥有超卓的领导能力，能够果断地做出决策，不会拖拖拉拉，有的时候，甚至会突发奇想，使问题得以解决。面对困难，也不会畏缩，而是会主动地勇敢前进，承担起领导的责任。

无论是生活中还是工作中，这类人都喜欢给自己制定一个极具挑战的目标，并为了实现这一目标不断地去努力，即使中途有很多的困难和险阻，也不会轻言放弃，反而会充满干劲。无论多累，他们都会不断地调整自己，平衡自己的心理，然后走得更远更快。

(2)周边设备完善的旅游景点

周边设备包括酒店、俱乐部、商超等设施比较现代化的地方，以及非常完善的现代管理和人文文化等。

喜欢去这些服务设施完备、人群聚集、经济发达的风景区旅游的人，多数都比较传统，也很现实，喜欢规则和秩序，但是也懂得精神享受，因为在日复一日的枯燥生活中，以及工作中感受到的各种压力，让他们需要适当地通过旅游来放松心情。

相对而言，这类人比较关注自己的利益和感受，有时可能会让人觉得有点自私。无论处在什么样的困境中，他们会首先把自己照顾好，然后才会想到别人。大多数时候他们还是比较乐观积极的，但是安于现状，不太会过多地考虑未来，没有危机意识，认为享受当下才是最重要的。

在性格上，他们也有一些小缺点。虽然及时的享乐和舒适会带给他们许多表面的享受，但在这背后却藏着一个更加真实的自己。他们总是对外界充满了怀疑，始终没有安全感，只想藏在自己小小的城堡里，一旦走出去，就会遇见危险，所以他们不愿意主动去探索，这种做法让他们即使身处设备完善的现代文明旅游景点，也常常会感受到一些失落和遗憾。

(3)山水结合远离尘嚣的自然风景

这类自然风景包括美丽的庄园、广阔的大海、一望无际的草原等。如果更倾向于这种山水完美结合，而又远离尘嚣，却又不失现代文明的旅游区，则说明这类人在性格上更加追求浪漫，且善良敏感，富有同情心，在与人交往的过程中不喜欢麻烦别人，什么事都喜欢亲力亲为，有的时候还会给人一种冷漠的感觉。但其实这类人对感情非常看重，他们重视家庭，喜欢和家人待在一起，团团圆圆，幸福美满，希望生活能像童话故事一样完美。这种性格也导致他们对不幸的人总是充满了同情，甚至会不顾一切地去支持别人，无法接受一些不遂人愿的现实结果。同时在生活中又很细心，从日常生活用品、服装配饰，到职业规划、事业理想等都会全力以赴、一丝不苟。

在工作中，他们也非常注重细节和效率，对自己分内的工作都能很好地完成，不管大事小事，都会认真对待，从不马马虎虎，应付差事，所以他们常常受到领导的重用，职业发展很不错。

(4)安静神秘的古老景点

比如一些古寺庙，或者一些具有历史纪念意义的地方。喜欢这些地方的人大多都性格内向，他们不喜欢交朋友，与热闹喧嚣的地方相比，更喜欢独处；他们为人温和有礼，很少说过分的话，很清楚交际中的分寸与尺度，即使是朋友也多是君子之交。

这类人不一定年纪很大，但是有一个共同点，就是喜欢安静而有韵味的地方，他们不会追求物质的享受，而是更注重心灵上的追求。

在感觉压力过大的时候，不妨选择去旅游，登高望远，草原驰骋，海边散步，不管哪种方式，面对大山河川你都会发现自己真的很渺小。喜欢热闹，就约三五好友同行；喜欢安静，就一个人上路。方式不重要，重要的是选择适合自己、最令自己身心愉悦的地方。

3. 选座位，选出你的性格密码

在某个空间环境内，比如课堂、餐厅或汽车里，每个人选择座位时都有自己的偏好，有的喜欢靠近门口，有的喜欢最后一排，有的喜欢靠窗的位置……这样的偏好未必能直接说明了你是什么样的人，但至少不同的座位选择有着不同的心理暗示。所以，我们观察别人时，除了要分析对方的脸部表情和习惯，还可以通过对座位的选择，找到其真正的性格密码。

在中国，座位的排序是很有讲究的，不管是在家里，还是去别人家做客，喝茶、吃饭时不可以随意乱坐。如果是主人邀请客人前来赴宴，那么主人一定是坐在首位的，其他客人坐在桌子的下位。一般在安排座位时，主人与客人之间的亲疏程度也可以通过座位的排列方式透露出来。

在学校，学生选择座位时，不同的座位选择也透露出不同的性格和心理。比如，选择教室第一排正中间座位的学生，都是认真好学的，希望能够听清楚老师讲的每一句话，看清楚老师写的每一个字；他们充满了强烈的求知欲和表现欲，而且这种主动选择座位的学生也通常是自发自动地想要好好学习。

如果选择教室中央位置的座位，说明这类学生是非常想要被老师注意的人，但成绩未必是最好的。他们容易受外在情绪影响，比如老师关注他们，或者表扬了他们，就格外受鼓舞，愿意认真学习。要是没人理睬他们，他们也就没了动力。这些学生一般性格都比较活泼，课堂上也积极发言，是老师很喜欢的一类学生。

如果选择坐在最后一排的位置，说明这类学生不希望被老师关注，也不喜欢在别人面前出风头，只想安安静静地做自己想做的事情。这类学生的学习成绩一般属中上等，并不甘落后，只是不喜欢被束缚、被左右，想拥有充分的时间来做自己的事情。

如果选择坐在角落的位置，说明这类学生不仅不喜欢受到老师的关注，还不喜欢专心听课。这样的位置不易被注意，他们可以尽情地偷懒、做小动作，或者学习其他喜欢的学科。他们经常是让老师感觉无奈又头疼的一类学生。

如果选择靠近门口的位置，说明这类人的性格相对悲观，做事不够积极，缺少交流的欲望；在聚餐时，一般坐在靠墙且居中的人，一般是领导或长辈，具有带动席间气氛的领导气质。还有，人们所选择的位置，与他们在团体内的人际关系及当时的心理或心情也有关系，如果想说服对方，会选择面对面而坐；如果想与某人聊天，会挨着对方并排坐；如果不想说话、不喜欢热闹的人，会尽量远离大家，选择一个较偏僻的位置。

这种按照座位选择来区别性格与心理的方式也曾出现在某大型招聘会上。当时有超过800百名应聘者来参加此次企业召开的招聘演讲会，面对这么多应聘者，企业想要通过一场演讲会来确定最终招聘的人员是不太可能的，何况最终需要的新员工只有应聘总数的三分之一。于是,大家都在思考应该用什么样的方法才能快速地从中选择人才,后来经过讨论,决定通过自主选择座位的方法来筛选新员工。

面试官进入会场之后,首先看哪些人选择了前排的位置,哪些人选择了中间的位置,哪些人选择了后排的位置。然后,将选择后三排位置的人全部淘汰,不管他的成绩多么优秀也不录用。选择坐在前排的人留下,选择坐在中间的人要看他们听课的状态,看他们在演讲会上是否认真听讲。然后再把这些人分成若干小组,通过提问题的方式判断哪些人最有思维逻辑性,哪些人的回答最有组织能力。最终通过这样的方法,企业不到一个下午的时间就从800个人中间选出了适合自己的员工。

这种看座位选择人才的事例并不鲜见,大家通常认为这样的方式既简单明了又有效,何乐而不为呢?

或许有的人还在质疑这种依靠选择座位来判断性格与心理的方式不够科学,但其实在某种特定的环境下,人们对位置的选择和偏好往往能够代表人们在那段时间内的个性和心理的变化。

如果仔细观察你会发现,人们在选择座位时通常都有一定的规律可循。比如乘坐公交车时,很多人一般都不会选择第一排的位置,而是会首先选择稍后一点的位置,除非车子的位置被坐满,人们才不得不选择坐在第一排。还有很多人更希望找个靠后且挨近车门的位置,然后惬意地欣赏沿途风光,还方便下车。这样的选择方式说明人在无意识地寻找一种心理安全,只有在一眼看到全车厢且身后没有坐人时才觉得安全、踏实。有的人不喜欢坐在刚刚有人离开的座位上,他们会心里不自在,或者觉得不干净,这样的人大多很敏感,对自己要求很高,对别人也很苛刻。

其次,公司开会时,大家的座次位置除了能够分辨出与会议主持人之间的亲疏关系,同样也体现着身份、职位的不同,以及每位员工不同的个性特征与心理状态。有的人喜欢坐在看着比较顺眼的人旁边,这样的人自我保护心理极强;有的人喜欢坐在上司旁边,这样的人懂得随机应变，迎合别人；有的人喜欢坐在靠墙壁的位置，这样的人性格孤傲，活在自己的世界里，不太合群。

除了座位与座次的选择，人与人之间的距离也可以体现出各自的心理。

我们在与人交往的过程中，双方之间都会保持一个相对安全的距离，而这个距离就是通过座位与座次体现出来的。由于彼此之间的亲疏关系不同，相互的安全距离也有所不同。下面以方桌的座位安排进行分析探讨。

当双方人数达到三人或者更多人时，关系亲密的一般会选择并排而坐，而关系稍微疏远的会选择面对面而坐。就像我们常见的那样，选择并排而坐的大多是情侣或关系亲密的好友。如果想要分辨人物之间亲疏关系，这是一种非常简单快捷的方式。

相邻而坐的人肯定关系也很熟悉，因为双方挨得很近，几乎没有多少空间距离，又少了桌子的隔挡，无论一方在做什么，另一方都看得非常清楚。在职场中，若是自然地选择相邻而坐，则是一种寻求合作的体现。

相对而坐是一种竞争和博弈的状态，比如面试、谈判、下棋等活动。因为双方要保持一定的隐私，并且相互还感觉到一种若有似无的压力。对坐并不代表双方之间一定存在敌意，但至少说明双方之间的关系稍显生疏或正式。当只有两个人时，大多数情况下也会选择相对而坐，即使是情侣，有的时候同样是相对而坐，因为在同一个空间内并没有其他人，双方之间并不需要刻意表达亲密。

隔角而坐，这种状态指的是双方坐在相邻的桌子边上，正好是桌子的一角。这种距离是一种非常安全的距离，一般关系普通或者见面次数不多的人会选择这样的座位。这样安排位置，双方既维护了自己的地盘，同时又保持了绝对的安全距离，不会给双方造成太大的压力，可以尽情交谈。

尽管我们可以通过对座位的选择来判断人们的性格与心理，以及身份、职业及亲疏关系，但人的性格是多元的，也是可以改变的。

如果对自己的性格不太满意，那么，从今天开始改变你的座位，之后改变自己的所思、所想，敞开心扉拥抱世界。相信自己，你可以掌控自己的性格、主宰自己的命运。

4. 办公桌上你的个性印迹

每个工作日，大部分人都要在办公桌前坐七八个小时，办公桌就像一张名片，透露着主人的性格和心情，还有生活习惯。有人主张杂乱的办公桌更能激发人的创造力，也有人主张整洁的办公桌更能让人专注于工作，还有其他通过办公桌传递出来的信息，专家称之为“办公桌心理”。

德国著名心理学教授山姆·戈斯林曾指出：“不管无意或有意，我们的行为都在不断地向外界透露我们的性格。”戈斯林曾经出版过《窥探：你的东西说明了你的性情》一书。在书中，他明确地指出：“之所以办公桌能够揭示人的性格与心理，是因为它们是人们长期以来的行为的结晶。”后来，不少心理学家都针对这一理论做了实验，结果证明：一个人的性格特征确实与他的办公桌风格相像。办公桌的风格是什么样，那么这个人的性格也是什么样。

比如有些影视或文学作品中，当心理学家试图分析一个人的性格时，总是首先观察对方的房间，通过对房间物品的摆放位置，或者物品的颜色等特征进行分析，从而得出结论。当然，办公桌也在被分析的物品之列。

对上班族来说，一天至少有三分之一的时间都在公司，而且办公桌是相对私人的区域，时间长了，很多人就会把生活中的小习惯带进来，摆一些自己喜欢的小物品或装饰，按自己的喜好摆放电脑、电话、笔记本等工作用品，以此来彰显自己的性格。办公桌上的内容不仅可以显示主人的喜好、性格,有时我们还可以通过办公桌上的一束玫瑰花知道同事有了新恋情,有时看到摆在办公桌上的一张照片就了解到同事刚刚有了宝宝,或者从办公桌上的一件某地特有的纪念品就知道同事可能刚从那儿旅游回来。如此说来,一张小小的办公桌,竟也反映着主人当前的生活状态。

在人来人往的公司,无论是隐私还是生活习惯,在办公桌上都会一览无遗。有一些综艺节目,经常会突袭明星的房间或者拍戏地点,除了博观众的眼球之外,还可以从他们的私人领域中发现一些不为人知的小秘密。不过,办公桌毕竟还是工作的区域,它更多地还是反映一个人工作上的习惯与心理。

如果一个人的办公桌总是收拾得干净整齐,无论什么时候,都看不到一丝杂乱的样子,说明这个人有点爱面子,有的时候还会为了得到别人的赞美而故意花钱。他们也有明显的优点,如思路清晰,对自己和他人都有充分的了解,做事总是有条不紊,即便遇到什么难题也能保持冷静,积极面对,等等。

如果一个人的办公桌上在别人看起来不算太整洁,但是主人却对每样东西的摆放位置清清楚楚,则说明它的主人是非常有规划的。他们对外在的装饰不是特别在意,花钱也非常有节制,每一笔开支都很合理,不会因为面子或者冲动而购物。

如果一个人办公桌上的物品摆放得很随意,常常找不到东西,则说明这类人性格上不拘小节。他们对自己的未来不会刻意去规划,更喜欢顺其自然,即使身上一分钱都没有,也能摆出一副“明天再说吧”的无所谓的样子,好像没什么事情值得发愁的。

如果一个人的办公桌上摆满了各种小玩具、小饰品,说明这个人感情丰富,心理年龄比较小,希望用这些小东西消除工作带来的枯燥感。

如果一个人的办公桌上没有任何无关的装饰品,只有办公用品,说明这类人很重视区分工作与生活,不太喜欢与同事深交。

总之,千万别以为办公桌是你的私人空间,你的地盘你做主,聪明如老板,只要看一眼,就对你的心理与个性了如指掌。那么,你的办公桌装扮究竟是什么样的风格呢?

(1)杂乱派

杂乱派分为两类:一类是杂乱无章,桌上堆满东西,用的不用的全放一块,需要用什么东西的时候,总要东翻西找,浪费时间;一类是乱中有序,东西虽然多,但分门别类摆放,需要的东西随手拿到。这两类人的性格都比较活泼外向,对生活充满热情与希望,喜欢表现自己,看重自我感受。从事艺术类或创造类的人,通常都是这种风格。但很明显,后者更受人欢迎。

(2)简约派

这类人会把每件物品按照功能和使用频率摆放整齐,每次使用的时候很快就能找到,节省了很多的时间。他们还喜欢用便利贴把一些紧急的任务写下来,贴在显眼的地方提醒自己。不要以为这类风格的人就很内向,其实他们只是要求完美,做事稳妥有规划,不喜欢邋里邋遢。而且,他们在工作中也更加有责任感,遵守规章制度,很少迟到早退,只要经过努力,迟早在事业上有所发展。这类人可能是领导最喜欢的,但要提醒你一下,就算想要爬上更高职位,也要知道"功高震主"这句话,不想得罪上级的话,请暂时掩藏一下自己的野心。

当然,除了这两种风格之外,还有很多其他情况。但是,无论是杂乱派、简约派,还是葵花派、峨眉派……办公桌上确实隐藏了我们的诸多个性印迹,想要掩饰自己的真实性格,不泄露自己的秘密,就别暴露在办公桌上。

5. 阅读习惯,彰显一个人的品位

培根说过:读史使人明智,读诗使人灵秀,数学使人周密，科学使人深刻，伦理学使人庄重，逻辑修辞之学使人善辩。凡有所学，皆成性格。

就像每个人喜欢的音乐、电影都不同一样，每个人的阅读习惯也各有不同。这可能和人的生活环境、专业背景及个人兴趣等有关系，当然也与人的性格有关系。对此，心理咨询师特意将人们喜欢阅读的书籍类型做了以下分类。

喜爱看浪漫言情小说的人，大都感情丰富、细腻，对事物的观察力也非常强。在做任何事情之前，他们都会对自己的直觉深信不疑，也因此，他们的直觉往往很准。生活上，他们对未来的一切对充满信心，即使在陷入困境或者面临失败的时候，他们也能很快地振作起来，不会有丝毫的退缩之意。

喜欢看名人传记或史实类图书的人，通常性格上比较小心谨慎，做事情喜欢深思熟虑。在工作中，他们既有远期规划，又能够脚踏实地做好当前工作，拥有谦虚好学的优秀品质。这类人多是管理者，在做决策时，他们也善于衡量利弊得失，以便统筹全局；如果准备得不够充分，他们也不会为了面子贸然行事，有极强的自控力。

喜欢看幽默、喜剧类图书的人，绝对是个乐天派，他们不会为鸡毛蒜皮的小事影响心情；在朋友面前幽默风趣，乐观向上，总是把快乐带给别人。他们似乎从来不知道什么是烦恼，也不知道什么是痛苦，只要活着，他们就很知足，能够笑对困境，对未来充满无限信心。

喜欢阅读新闻刊物的人，大多比较严谨，意志坚强。他们是典型的现实主义者，随时关注国家大事或者时事新闻，不想让自己遗漏任何信息，希望通过阅读报刊跟上时代的变化。在生活中，他们一般都思维敏捷，对新鲜事物的接受能力也非常强，面对新的形势可以很快地做出反应，并积极接受思想上的改变。

喜欢看画册或画报的人，多具有艺术气质，不是从事艺术类工作，就是一个文艺青年。他们对时尚比一般人更加敏感，欣赏角度与众不同，凡事有自己不同的看法。生活中，他们开朗大方，热情好客,喜欢结交朋友,向往热闹的氛围,对新鲜事物兴趣浓厚,爱好广泛。

喜欢看侦探或推理类图书的人,通常在生活中比较爱思考,而且善于接受来自外界的挑战,对一切未知事物充满好奇。而且,这类人的逻辑思维能力超强,能够发现很多不易察觉的小细节,非常有耐心,很少半途而废。

喜欢科幻类图书的人,思维活跃,想象力丰富,富有强大的创造力,凡事都有自己的想法和观点。他们通常会被那些高科技的产品或者高端技术所吸引。另外,这类人还常为自己的未来拟订计划,但又不能持之以恒地坚持下去,属于“常立志”的那种人。

曾国藩曾说过:人之气质,本难改变,唯读书则可以变其气质。

我们接着曾先生的话来说,读什么样的书,就有什么样的气质,读什么样的书,就有什么样的内心世界。

(1)呆板型性格的阅读习惯

性格比较呆板的人,他们大多看的是专业性比较强的书籍,而且常常把书上的理论直接运用到生活中,不懂变通,属于高学历、低能力的人。

(2)规矩型性格的阅读习惯

这类人喜欢按部就班,循规蹈矩,为人处世不够灵活,常常将书里的某些经验直接用作行事的方法,书中怎么写就怎么做,不管环境是否适合,只会照搬照抄,缺乏创新意识。

(3)智慧型性格的阅读习惯

这类人一般情商和智商都很高,行事比较有自知之明,不会贸然去做超出自己能力范围的事,而且凡事都有自己独特的见解,在人群中很是引人注目。在读书时,他们能够举一反三,找到适合自己的方法。在生活中,他们不会轻易流露出自己的心思,也不会炫耀自己的才学,给人一种不慕名利、与世无争的感觉。

(4)学者型性格的阅读习惯

这类人一般是有针对性地阅读,所以往往在学术上很有研究。

他们读书不仅仅是为了丰富自己的知识，还能从理论到实践，不断地提升自己的经验，将学到的知识提炼出来，形成别具一格的知识模式。在生活中，大家一眼就能看出他们身上的学者气质，这是由于他们长期浸淫在书籍中，慢慢地形成了这种性格。

(5)灵活型性格的阅读习惯

这类人能够把从书中看到的理论知识灵活地运用到生活中，既不局限于书本，又不完全脱离书本。事实上，这类人在性格上很圆滑。他们认为读书固然重要，但书是死的，人是活的，想要做得更加完美，必须将自己的想法糅合于知识之中。

(6)勇敢型性格的阅读习惯

这类人有强烈的英雄情结，常常把自己比作书中的一些英雄角色，认为自己是正义与勇敢的化身。所以，在生活中他们表现得胆大心细，对朋友豪爽仗义，好打抱不平。

(7)胆小型性格的阅读习惯

这类人其实很少，因为他们在阅读之后，懂得更多，了解得更多，反而对现实生活充满了胆怯。就像有人看了一部恐怖片，就长久地害怕影片中的相似场景，不敢闭眼睡觉。这类人读书也一样，他们害怕书中描写的那些未知的恐惧，所以越看书越害怕。

(8)创新型性格的阅读习惯

这类人在读书时，不仅能够记住书中所描写的一切，模仿书中的一切，还能自我创新，并提出独特的想法，所以他们的阅读能力和思辨能力要比普通人强得多。

除了以上说的这些，还有很多其他的阅读习惯和喜欢的图书类型，比如有人喜欢在车上看书，有人喜欢吃饭时看书，有人喜欢看财经杂志，有人喜欢看动漫笑话……不同的阅读习惯，培养不同的气质，不同的习惯，反映不同的心理。还记得电影《卡萨布兰卡》里那句经典台词吗？

“你现在的气质里，藏着你走过的路、读过的书和爱过的人。”

第八章　看透人性的心理策略

1. 细节效应:以小识大,关键细节不可忽视

“细节决定成败”是一句俗话,是说细节往往决定着事件的走向,与古人说的“千里之堤,溃于蚁穴”是一个道理。道理人人都懂,却不一定都能放在心上,落在行动上。相反,多数人只看重大事,忽略了小事,可坏事的却总是后者。我们了解一个人,也首先要看他是不是能把小事做好,一个环节都做不好,还指望他掌控全局吗?

细节总是容易为人所忽视,可所有的一切都是由细节构成的。生活中有太多的“差不多”先生或女士,他们做什么事情都很粗糙、毛躁,“过得去、差不多”就行,只要表面看上去没有什么缺陷,就觉得很完美了,殊不知,完美体现在每一个细节上。

有时候,一个细节能起到关键作用,决定一个人的命运或者一件事情的结果,就像蝴蝶的翅膀一样,扇出的风大小不一样,推动事件的发展也就不一样。

这就是细节效应。

中国历代的大家贤者,始终在不断地提醒人们注意细节的重要性,留下了很多脍炙人口的名句,比如“牵一发而动全身”,比如“患常积于忽微”,比如“天下大事,必做于细”,再比如“勿以善小而不

为,勿以恶小而为之”。

现如今,生活、工作、学习中的很多方面都存在着细节效应,包括人才市场中也处处体现着细节效应。

冯诏因不满领导的压榨,从干了将近五年的公司辞职出来,休息大半个月后,便开始了求职之路,满心希望自己能有一个新的开始。

面试了几家公司以后,冯诏发现情况并不客观,他没有想到时代的发展如此之快速,仅仅五年时间,就从一个看实力的社会变为了一个看学历的社会。

冯诏是专科院校毕业的,五年前他刚刚毕业那会儿,由于成绩优异,有很多兼职经历,也早早地到大公司实习过,能力强,履历丰富、漂亮,很多家公司争着要他,根本没有人说他的学历怎么怎么样。

但是现在,只要去面试,问了姓名之后第一句话就是问学历,他因为学历问题连续在好几家公司碰了壁,人家一听到他是大专学历,根本就不再认真对待,目光与语气立刻就不一样了。

这一天,冯诏又来到人才市场查询招聘信息,无意间看到本市一家规模非常大的老牌公司正在招聘的信息,他那颗本有些失落的心又蠢蠢欲动了,便抱着试一试的心态发送了求职简历,很快就得到了面试的机会。

第二天,到了面试现场,很多人排着长队,他们每一个人都比冯诏年轻、学历高,但是他看到从会议室里走出来的面试者没有一个脸上是带着喜色的。冯诏不由得紧张起来:大公司就是不一样,面试的问题一定很难,自己不知道能不能过关。

过了很长时间终于轮到了冯诏,他忐忑不安地走进会议室。简单问候与自我介绍之后,面试官便进入了正题。

面试官先问了冯诏第一个问题:“请问我们公司的图标上有几片叶子?”

冯诏蒙了,就在一秒之前他还在想着那些专业知识,不承想却突然跳出来这样一个问题,他一时间愣住了。不过幸好冯诏最大的一个优点便是细心,他仔细回忆了一下,应该是三片叶子。

面试官听了冯诏的回答,点了点头,继续问道:“在与客户通电话的时候,第一句话应该怎么说,应该由谁来挂电话?”

后来面试官又问了几个问题,全都是类似这样无关痛痒的小问题,甚至可以说这些问题平时根本不会有人去专门注意。

但是冯诏却对答如流,因为他平时就是一个非常注重细节的人,每次与客户沟通都务必做到完美,让每一个细节都无懈可击,这也是他被领导打压的原因——冯诏的业绩太好,风评也好,抢了领导的风头。

冯诏回答得又快又好,并且每次回答后,都会说句“谢谢”。最后,冯诏成功被录用了。

这就是细节让人成功的例子。在职场上,细节直接影响求职的成功率和业务的成交率。比如在面试的时候,像是“您好”“谢谢”“抱歉”“再见”这些看似简单的礼貌用语,用与不用可能会有两种截然不同的结果。

近两年,很多大型人才招聘会上,招聘的公司更为重视的不是员工的专业素养如何,而是他是否细心、认真。他们会直接询问应聘者一些细枝末节的小问题,比如某个文件的格式、落款应该空几格;比如与客户握手时应该采用什么样的姿势,比如考察应聘者能否注意到面试官特意做出的一些反应,等等。

尤其在接电话这件事情上,很多招聘公司都很重视。很多人认为,接电话是小事一桩,不值得大惊小怪,但这却是办公室礼仪的重要组成部分,也是接待客户时需要特别注意的地方,在一定程度上会影响到业务的成交。

每次都有应聘者听了类似的问题后不知如何回答,原本满怀希望而去,最终却黯然而回。所以,比起那些不注重细节的求职者,能够注意细节、把握细节的人,求职的成功率要高得多,在职场上也会混得风生水起。

英格兰有一首流传了几百年的民谣:“少了一枚铁钉,掉了一只马掌;掉了一只马掌,瘸了一匹战马;瘸了一匹战马,败了一次战役;败了一次战役,丢了一个国家。”

这首古老的民谣代代相传,广为传唱,因为人们要用歌谣里的故事告诫下一代一个道理:切莫忽略小节。歌谣所叙述的是一段真实的历史故事。

15 世纪 80 年代,当时英国的当权者是理查三世,为了抢夺政权,国王理查三世与英国王室中另一个家族的里士满伯爵亨利·都铎一直相互争斗,这场争斗整整持续了 30 年。

1485 年冬天,双方又一次在博斯沃斯城郊的荒原上打响了战斗,只是理查三世没能想到,这是他们最后一次较量。

战斗开始的当天早上,理查三世让马夫给他准备了一匹最好的战马,然后,他意气风发地带领着自己的部下出发了。理查三世勇猛地冲在前面指挥战斗,可他却看见自己的队伍里有几名士兵退却了,他知道作战最讲究士气,一旦别的士兵看到了这个情形,受到感染也往后退的话,这场战争肯定会失败。理查三世一挥马鞭,直冲到队伍前方,逼得敌军连连后退。

理查三世觉得自己胜利在望,就在此时,他的战马突然一个趔趄,将理查三世掀翻在地。战马脱离缰绳之后转身就逃走了。众士兵一看,以为国王中箭身亡了,顿时军心大乱,慌作一团,纷纷转身撤退。

亨利伯爵趁机带领军队围上来,大举反攻,虽然理查三世带伤奋力反抗,但终究敌不过对方人多势众。战斗到最后一刻,理查三世被亨利伯爵在阵前割下了头颅。从此亨利伯爵登基为王,理查三世的统治就此落下帷幕。

为什么理查三世会战败呢?事后的调查告诉我们,是因为在决战之前,理查三世的马夫在给战马替换新的铁掌时,不小心弄丢了一枚钉子,由于时间紧迫,再加上钉子的规格和数量都是规定好的,一时间找不到多余的钉子可用。马夫想,一枚小小的钉子没什么大不了的，这种小细节他不说，不会有人知道，于是便含糊着将就过去了。

谁能想到就是这一枚小小的铁钉居然决定了一个王国的存亡？那少钉了一枚铁钉的马掌偏偏在战场上松掉了，马失了蹄，将理查三世摔落在地，也将一个王国摔了出去。

就是马夫这一草率的决定导致了这场战争的失败，由此可见细节的重要性，一枚铁钉就能够让国家易主。

著名诗人莎士比亚也因此发出过感慨："马，马，一马失社稷！"所以我们应该时刻谨记类似这样的教训，为了不让自己马失前蹄，应该时刻注意自己做事的细节。有时候，即使你的能力再强、学历再高、任务再简单，一旦有一个细节没有注意，就可能让你前功尽弃、一败涂地。

2. 激将法：让对方主动说出事实的真相

人要是想不通的时候，不管你怎么跟他讲大道理，都是油盐不浸；人要是没有主动性的时候，无论你怎么鼓励他催促他，完全没有用。这时候就需要用点小花招，使用激将法，让他主动去做、去说。

"请将不成，何不激将。"激将之法古来有之，更是被频繁地应用在战场之上。对待有些人，可能用正常的方法行不通，这时就要反其道而行之，不去求他，反而表现出看不起他的样子，激起他的斗志，让他主动出击。激将法运用得当的话，可以收到令人意想不到的效果。

尤其是那些比较自负的人，你越是诚心诚意地请求，他越是得意，越是推三阻四，想要你捧着他、求着他。这种时候，如果你使用激将法，挑战对方的尊严，怀疑对方的能力，让对方非得表现一下不可，就能够让对方主动答应你的要求。

在生活或工作中，我们总有求人办事的时候，也总有需要了解某件事情真实情况的时候，难免需要使用激将法来刺激对方，让对方按照我们的意思行事，做出对我们有利的决策。

为什么在激将法之下，人们就能够应承下原本不愿意做的事情或者说出原本不愿意说的话呢？激将法的原理就是让被激者产生攀比心理，影响他的心理活动，让他产生较大的情绪波动，导致他无法冷静思考，头脑一热就做出了决定。

从心理学上说，人人都有自尊心和攀比心，每个人都不服输，都希望自己的价值得到别人的肯定，但有时候这种劲头会因为某些原因被压制，比如对方觉得事情太困难、自己做不好之类的。而激将法最主要的就是否定一个人的价值，这是谁也不愿意承认的。一个人一旦被否定了，就会想要努力证明自己。

所以激将法也是有局限性的，对那些自尊心不强、过于自卑，或者为人老练、世故的人，就起不到多么大的作用。那些过于自卑的人，他们早就自我否定了，所以你的否定反而会得到他的认同，让他更加自卑，从此自暴自弃。而老练、世故的人则一眼就能看出你的伎俩，所以他会有所防范，不会一冲动就答应你的要求。虽然他心理上被刺激到了，但是他也知道你在给他挖坑，是绝不会往里跳的。

李娜前几天检查出怀孕了，一家人都高兴坏了，但是她发现自己的丈夫刘明却不是很高兴的样子，只是在刚听到这个消息的时候笑了笑，还很勉强的样子，之后就再没有笑脸，反而忧心忡忡的。

刘明憨厚老实，不争不抢，与人为善，还很有担当，李娜就是看中了他的这些优点，觉得他是一个可靠的人，才嫁给他的。可是时间一长她就发现，这种性格的人有一点不好，说得好听点是大度，说得难听点就是懦弱，在公司里什么功劳都被别人抢去了，自己出了力反落了不是，而且刘明还总是像闷葫芦一样，遇到事情总是一个人扛着，什么也不跟家里人说。

李娜猜想,刘明一定是有什么事瞒着自己。于是她悄悄打电话给刘明的同事,问他最近刘明在公司里是不是发生了什么事情。

同事告诉他,前不久,他们厂里有位车间主任因病住院了,这个职位就空缺出来了,领导们商量过后,决定不去人才市场再招聘什么新人了,就在内部职工里提拔一个有才能的上来,希望所有的员工可以推举一个可用之才,也鼓励大家毛遂自荐。

所有的同事都觉得刘明最适合担任这个职位,因为他学历高,经验丰富,技术过硬。刘明虽然年轻,却是这个行业的前辈,本身就是组长,却丝毫不拿架子,为人也仗义,大家不懂得他都会主动去帮忙解释,非常负责任。大家一致认为如果刘明当上了车间主任是大家的福气,纷纷向领导推荐刘明。

其实工厂的领导原本也就属意刘明,但又不好直接内定,为了体现公平公正原则,才特意说让大家公平竞争,其实也就是走个过场,只要刘明前来毛遂自荐,他就可以顺水推舟答应下来,于是通知大家之后就一直等着刘明前来应征。

可是他左等右等,一天过去了,两天过去了,始终也没能把刘明等来。反而发现他兴致缺缺的样子,对这件事情没什么反应。

领导和同事都感到很疑惑,这么好的机会难道刘明一点都不想争取?他们都觉得刘明一定是有什么难处,但又不好直接问,刚好李娜打电话过来,同事便七嘴八舌地把事情告诉了她。

李娜听了同事们的话,也觉得非常疑惑,到底为什么刘明不愿意去做这个车间主任呢?

于是,等刘明下班回来之后,李娜就把他叫到卧室里,问他:“我听说你们厂里现在缺一个车间主任,大家都看好你,你为什么不去争取?”

刘明听了不说话。

李娜又问了好几遍,给他厘清利害关系,当了有什么好处,不当有什么坏处,不停地激励他,却始终得不到回答。

李娜气急了,说:“我一直以为你是一个有志向的人,认为你能让我过上好日子，现在倒好，没想到你现在连一个车间主任都不敢当，看来是我看错你了！”

本来没有动静的刘明听了这话终于有了一点回应：“我！其实，唉……”刘明几次欲言又止，就是不痛快地说出来。

李娜见状，只好再加一把火：“算了吧，你也别解释了，我看你就是窝囊，没那个能耐。早知道我当初就不该嫁给你。现在我怀孕了，正是用钱的时候，就凭你现在的工资，将来哪有钱培养一个孩子，我看我还是去把孩子打掉算了，省得将来受苦！”

刘明一听李娜这样说，立马急了：“不是我不敢应征，是我的情况不允许。你现在怀孕了，需要人照顾。可是上星期老家打来电话，我妈生病住院了，正准备转院到这边来，我又得花时间去照顾她，这车间主任我是很想争取，但是实在有心无力，顾不过来呀。”

在李娜的激将法之下，刘明终于说出了自己的想法。

激将法其实是一种很有力的口才技巧，通过贬低人的自尊心，利用人的逆反心理，激起对方的求胜欲望，达到劝说的目的。不论是在话本上，还是在电视剧中都常常会被用来激励别人。激将法使用得当的话，既可以用在自己人身上，也可以用在敌人或者谈判对象身上。

比如当你的家人、朋友，不敢做某一件事情的时候，你就可以使用激将法，调动他的勇气和激情。比如你在和某人进行生意合作的时候，也可以用来激怒对方，激起对方不服输、不愿被看低的情绪，扰乱对方的思绪和理智，为自己创造机会，让对方做出有利于自己的决策。

但是在使用激将法的时候一定要注意，并不是任何人、任何事都适应激将法，而且要注意身处的环境及条件，不能滥用。这里有几点需要谨记。

要注意区分对象，摸透对方的性格特点，因人而异。一般来说，可以对其采用激将法的对象有两种。一种是不够成熟，缺乏经验的年轻人。这样的人往往想要证明自己，易冲动，也比较容易被言语打动。一种是个性特征非常鲜明的人。这类人往往自尊心强、好面子,有强烈的虚荣心,并且不喜欢被别人牵着走、被指手画脚,喜欢自己拿主意,非常容易被激起不服的心理。遇见那些老谋深算的人,或者是那些忧郁、自卑的人就不要浪费这个时间了。

在运用激将法的时候,一定要掌握好分寸,以免过犹不及。如果火候不够,就会不痛不痒,对方无动于衷,完全起不到作用,但如果火候太过,言语过于尖刻,则会引起隔阂和误会,让对方产生反感。

要在尊重的前提下实行。使用激将法应在尊重对方人格尊严的前提下,千万不能拿对方的隐私、缺陷开刀,否则达不到激将的目的,反而会激怒对方。

3. 情感效应:打动人心的必然只能是情感

情感效应是指一个人的情绪状态可以影响到对某一个人今后的评价。当我们第一次见到一个人,对方的喜怒哀乐、言谈举止,都可能让我们形成一种强烈的印象,好或不好。对方微笑,我们感受到善意;对方忧伤,我们感受到伤感;对方愤怒,我们感受到尴尬。这就是双方情绪传染的心理效果。

有这样一则寓言故事。

一个聪明人看到死神在路上走,他很好奇,就上前问道:“你要去哪里?”

死神回答:“我要去前面那座城市。”

聪明人感到很困惑也很害怕,他又问道:“你为什么要去前面那座城市?”

死神面无表情，说道："我要从前面那座城市中带走100个人。"

聪明人感觉更害怕了，但他还是不死心地追问道："为什么要带走100个人，这太可怕了，我要制止你。"

死神不为所动，他说："这是我的工作，你阻止不了。"

聪明人听完感到惊恐不已，但是他很善良，于是他立刻跑向前面的城市，准备赶在死神之前就到达那里，然后解救众人。

聪明人赶到死神选中的那座城市之后，非常着急地提醒遇到的每一个人，告诉他们："大家小心，死神快要来了，他要带走100个人。"

聪明人不知道死神要带走哪100个人，所以他只能告诉城市里的每一个人，大家要小心安全。结果第二天，城市里却少了1000个人，聪明人非常愤怒，他觉得自己被死神骗了。

第二天，聪明人再次遇到死神，便愤怒地拦住了他，质问道：

"你欺骗了我，你昨天明明说只带走100个人，为什么今天却少了1000个人？"

死神解释道："聪明人，我没有骗你，我昨天只带走了名单上的100个人，剩下的人是被他们的恐惧和害怕带走的。"

从这则寓言故事中，我们可以看出，恐惧和害怕起到的作用和死神一样，人们的情感一旦受到影响，将会带来无可挽回的灾难。这就是情感效应。

实际上，在生活中，情感效应每天都在发生，只是很多人不曾注意而已。举个例子，如果面前有两个人，他们说的话截然相反，但我们必须选择相信其中一个，这时，大部分人都会选择自己喜欢，或者关系更加亲密的人，不会通过他们的表情、动作来判断他们所说的是真是假，而更多地遵从自己内心的判断，认为自己喜欢的那一个，说的就是真话。这就是情感效应带来的影响，它让我们抛弃了客观事实，反而受主观思维的影响来判断事物。

情感，在我们的生活中扮演着极其重要的角色，它会影响我们的判断、效率、心理，太多的选择会受到情感的左右。有时候，情感会给我们带来正面的影响，有时也会给我们带来消极的影响。好的情感可以让一个人变得更加坚强，而坏的情感可以让一个人变得更加脆弱，但是人们又无法摒弃那些坏的情感，所以无论是开心、愉悦、痛苦、焦虑等，这些情感都是人们不可或缺的一部分，也是影响人们判断的重要因素。

尤其在对人的第一印象形成过程中，无论是对方的情感还是我们的情感，都对第一印象的判断起到非常重要的作用。第一次接触对方，对方的喜怒哀乐，以及对我们的喜好程度都会影响到我们对对方的第一印象判断。比如第一次与人见面时，虽然从各个角度或者信息中都可以判断出对方是一个脾气不好或者行为不端的人，但是当对方对我们表示善意，甚至故意与我们交好时，我们也会情不自禁地放下戒备，这也是受情感效应的影响。一旦对方的情绪发生变化，就会影响我们的判断和评价，同时也会让我们的情绪产生相应的变化，影响双方的关系。

当我们在观察别人的时候，无论多么客观、严谨，都有可能受到自身情感因素的影响，这就是为什么我们喜欢一个人，就觉得他们身上都是优点，而我们讨厌一个人就觉得他们身上都是缺点。

从心理学角度来说，情感效应影响着每一个人，情感的变化可以让我们改变对一个人的印象与看法。同样，无论是在生活中还是在工作中，我们都不可能只拥有好的情感，而抛弃坏的情感，所以情感会对我们造成不同的影响，也许会让我们变得越来越好，也许会让我们变得越来越差。

人际交往中，如果想要对一个人的真实心理判断得更准确、了解得更透彻，就要学会控制自己的情感，不要让情感成为主导，要理性地看待事物，学会用客观的态度判断是非，这样才能做出更加正确的选择，才能让我们的人际关系更加和谐。

4. 刻板偏见:万物都是不断变化的,不可僵化刻板地下结论

> 万物都是不断变化的,世界上唯一不变的就是变化,没有任何事物能够永恒不变。但在我们的生活中,却常常出现这样一种现象:当我们对某些群体或者某个事件形成一种固定的想法和评价后,就很难再改变,甚至会因为这样的判断而造成更多的错误。

当人们对某一群体或者事物产生了相对固定的看法时,就很难改变,甚至在不同的场合也无法做出变通。比如,我们经常听到有人说"四川人爱吃辣,东北人性直爽"等固有印象,这种固有印象并不是短时间内形成的,而是人们在相互交往的过程中,不喜欢花费更多的精力和时间深入了解身边人,只是与一部分人交往,也只了解一部分人,慢慢就形成了"从部分知全部"的刻板偏见,从自己所知的少数群体来判断整个群体,从而做出错误的判断。

刻板现象一旦形成就很难改变,无论是在生活中还是在职场上,每个人在考虑事情或者分析别人时总会不由自主地带着"偏见"的眼光。

我们常见的,人们在求职过程中,就常常出现刻板偏见,比如认为男性不如女性心细,所以一些需要高度精确的工作会偏向于女性,而女性的逻辑思维不如男性,所以一些需要分析研究的工作会多选择男性。

还有的人认为女性一般比较温柔,警惕性低,一些新闻工作者会选择采访女性,而不选择男性,因为他们认为男性脾气大多暴躁,警惕性高,耐心差。

还有更多的刻板偏见,比如,人们认为老年人大多比较古板守

旧，不喜欢接受新鲜事物；年轻人一般都比较张扬肆意，冲动易怒，做事不喜欢思考。再比如，在大多数人眼中，法国人都比较浪漫梦幻，他们在追求恋人时非常热衷于形式浪漫；英国人更加绅士，似乎所有英国人都是温文尔雅、彬彬有礼。比如说到地域，人们认为东北人都比较豪放直爽，南方人更加细腻体贴、温润如玉。这种刻板印象说的不是少数人，而是绝大多数人都这样认为。但是，事实上，北方也有说话轻声细语的女生，南方也有性情豪爽的女生。

一旦在内心形成这样的刻板印象，在与人第一次见面时，就会处于被动状态，被刻板偏见所影响，无法做出正确客观的判断，从而造成误会。这种刻板印象将人们的思维禁锢住了，甚至形成下意识的“对号入座”，绝不会多想其他可能和其他例外。

刻板印象并不单指对某个人、某个地域的固有认识，还有一种心理暗示，也源于刻板印象。比如，我们的同学中，有些人的考试成绩忽好忽坏，一次好一次坏，上一次的成绩非常好，这一次的成绩肯定就差，结果这次考试就不会用心去考。还有的同学，每次考试都会有一门成绩很差，如果这次考试其他科目成绩都很好，剩下这科的成绩肯定很差，于是就不用心考试，觉得努力也没有用。

这是因为大家在平时的考试中，经常按照“规律”重复某些事件和过程，次数多了，就会形成一种惯性思维模式，依靠以往的经验考虑问题，从而陷入刻板印象的怪圈，不愿意换个角度或者转变思维。

心理暗示主要是由于人们内心先前的心理变化造成的。我们常常用以往的习惯或者经验来看待或解决问题，这种心理倾向是对先前经验的直接概括，影响了之后的心理变化趋势，一旦这种心理倾向成熟或者稳定，就会形成难以改变的刻板印象。这种刻板印象如果不及时改正，将来可能会带来更大的危害。

刻板印象一般是由两种途径引起的：一种是直接与某一群体或者某一件事接触，将其特点或者特征固定化；另一种是听了他人的描述，或者是受到间接信息的影响，形成了刻板印象。

很多时候，我们对自己内心已经固定成型的看法很难轻易去改变，这是因为在我们的日常交往中，不愿意花费太多的时间和精力去重新了解已经熟知的群体或者事件。当我们只与某一群体中的部分成员或者某一个体进行交往之后，我们就会“以偏概全”，“由部分知全部”，但其实这种刻板印象是非常片面的，它会影响到我们对群体或者事件做出正确的判断。

虽然我们常说“物以类聚，人以群分”，但这毕竟是一种概括而笼统的看法，并不能真正代表某一群体或事件，如果我们总是以这种刻板印象来看待身边的人或者事，那么难免会产生一些错误。

因此无论是面对新鲜的事物还是已知的事物，为了保险起见，一定要尽量克服刻板印象对我们的影响，不要用过往的经验或者固定的看法来判断人们的性格或心理，而是要学会深入了解，更加全面地看待事物，做出正确的判断。

5. 晕轮效应：不要以偏概全地看人

恋爱过的人都知道，在感情中，喜欢你的时候你就是天，说什么是什么，视如掌中珍宝；不喜欢你的时候你就是脚底的泥，什么也不算。之所以会出现这种情况，是因为当人们对某人某事形成了固有的印象后，就会以偏概全地推论其他特征。这就是晕轮效应。

中国有句老话，叫“以貌取人”，古时候的人认为从一个人的面相能够看出他的德行，面相憨厚、老实的人，肯定行事也正直、诚实；面相奸诈的人，肯定做人也不讲诚信、油腔滑调，不值得相信。

直到现在，仍然还有很多人凭借第一印象去评断一个人，如果对一个人的第一印象好，那么对这个人的其他特征的认知就会倾向于好的方面，对方做什么我们都会觉得是真诚的；如果对一个人的第一印象不好，那么对这个人的其他特征的认知就会倾向于坏的方面，即使他做的是好事，也会怀疑他是否抱有某种不可告人的目的。

这其实都是晕轮效应在作怪。晕轮效应，又叫作“光环效应”“成见效应”，是心理学中的一个说法。晕轮效应指的是，人们对一个人的认知判断，并不是了解他的言行、品质之后再决定对对方的态度，而是反过来，先根据个人第一眼得出的好恶，再去推论出对方的其他品质。

晕轮效应最早是在20世纪20年代，由美国著名心理学家爱德华·桑戴克提出的。他认为，人们对一个人的认知往往只从某一点出发，扩散而得出整体印象，常常会以偏概全，得到错误的结论。

如果一个人被某些标签标明是优秀的，他就会被认为散发一种积极正面的光环，并被认为具有一切好的品质。如果一个人被标上了不好的标签，那么他就会散发一种消极否定的光环，并被认为具有各种不好的品质。这就好比大风天气前夜的天空，月亮周围总会出现一圈月晕，这是月亮本身的光的扩散，所以，这一心理现象被形象地称为“晕轮效应”。

晕轮效应会在一定范围内影响我们的日常生活、工作和人际交往。

胡总是某家食品公司的创始人，公司的销售业绩连年持续上升，规模也越来越大，但是胡总最近却愁容满面。妻子见了丈夫这副愁容，不由得询问原因。

胡总喝了一口茶，叹气道：“我是愁公司无人可用啊，现在培养一个人才真难啊，好不容易培养出一个觉得可以用的，却突然出了个幺蛾子。”

妻子听了连忙问道：“怎么了？是被别的公司挖墙脚了吗？”

胡总再次叹了口气：“倒不是这个原因。你知道公司里那个小刘吗？我原先一直非常看好他，在来我这儿之前也是在其他大公司干过的，有经验有能力，而且劲头十足，热情极高。他面试的时候，是唯一一个让我眼前一亮的人，人显得神采飞扬，长得也周正，履历也丰富，所以我觉得他今后一定有大作为，一心把他当销售总监来培养。可现在发现，他根本不能担此重任。关键是我把精力都放在他身上了，费心费力地培养他，现在也没有别的人选啊。”

妻子疑惑地问道：“这么听你说起来，小刘很不错啊，怎么不能重用呢？”

“最近我发现，他跟我想象的根本不一样。虽然小刘的工作能力非常出众，办事效率也高，和同事相处得也不错，对我这个领导也尊敬有加，会说话，哄得客户都很开心，但是他的缺点也很多。他虽然工作很积极，但总是粗心大意、丢三落四，每次不是这里出点小问题，就是那里出点小问题，报告里老出现一些低级错误，让人恼火。他虽然很健谈，与同事、客户都能说到一块去，但脾气急躁，听不得批评的话，经常和别人发生冲突。你说这样的人，怎么能成为一个领导呢？”

胡总开始后悔只凭第一印象就断定了一个人的能力，以为是可造之才，结果却大失所望。

妻子只能安慰胡总：“没关系，一个不行，我们再找一个。我觉得公司里面那个组长小张很不错啊，非常可靠，他的业绩也很好。”

胡总听了直摇头：“谁都行，就是他不行。我跟你说，他信佛，佛家讲究无欲无求无为，而销售总监那是要带领团队去厮杀的，要像狼一样才行，小张那软绵绵的性子怎么行呢？我每次见到他都觉得他慢吞吞的，看着就烦。而且他一天到晚跟手底下的人嬉皮笑脸的，弄得没有一个人怕他，没有威信，压不住下属的人就更不适合当销售总监了。”

妻子被气乐了：“你怎么能以偏概全地看待一个人呢？不能因为小张信佛就觉得人家没有拼劲啊？我问你，小张每年的业绩是提高了还是下降了？每年你给他定的任务和目标，无论多难，他有推托过吗？他的手下有一个不把他放在眼里、偷奸耍滑的吗？”

胡总想了想：“好像是没有，虽然他的下属都不怕他，但是都很尊敬他，没有一个偷懒耍滑头的，而且他们组的业绩是增长得最快、任务完成度最高的，每年的业绩都在提升，从来没有下降过。而且他也不是安于现状的人，经常会提出一些建设性的建议。这么说来，他倒真挺合适的，怎么我原来没有发现呢？”

妻子笑着说：“那是因为你对人家有偏见，一开始知道人家信佛，就觉得人家清心寡欲、无欲无求，看他做什么都觉得没有张力和激情，只凭这一点去评断一个人，从来没有好好全面地观察过人家。”

胡总恍然大悟，回到公司后好好考察了一番小张，最后提拔小张做了销售总监，而小张也没有让他失望，带领着销售团队把业绩做得蒸蒸日上。

胡总这种思想就是典型的晕轮效应，他从局部去认知和判断一个人，并且从局部的这一点扩散开来得出了所谓的整体印象，武断而片面地给下属打上了标签，用有色眼镜去看待别人，从而陷入了晕轮效应中。

生活中这样的例子数不胜数，最典型也最常见的就是追星。那些粉丝看到的明星形象都是由公司包装出来的，他们热衷公益，心疼粉丝，有的搞怪，有的暖心，有的时尚，有的绅士，有的呆萌，只给粉丝看到放大的优点，让粉丝认为自己的偶像就是这样一个人。所以每每遇到明星出现绯闻或者污点的时候，那些粉丝自然地就会认为一定是有人诬陷，自己的偶像不会做出这样的事情。

事实上，明星们真实的性格和品行是不会展示给粉丝们看的，只给粉丝想看的那一面。而粉丝得出的结论，都是他们根据看到的那一点点言行推断出来的，并不可信。

当然，晕轮效应有时候也会起到积极的作用。比如，你是一个能力并不出众的人，要想在职场中更好地发展，可以多多表现你善良、诚恳的一面，多帮助大家做一些力所能及的事情，让领导和同事多看到你的诚恳和勤快，那么即使你的能力一般，也会得到大家的信任和好感。

第九章　人格类型决定了一个人的心理模式

1. 自恋型人格:自以为是的家伙讨人厌

我们一听“自恋”这个词,就认为是迷恋自我、自以为是。这个解释有些误导。心理学上,自恋是指把一个虚幻虚假的影子等同于自我。比如,自恋的人在恋爱时,会假设一个理想的幻影却硬套现实中的人,套不到真实的人,就与幻影恋爱。所以,自恋的人大多都有交际障碍,很难与别人建立真正的亲密关系。

我们都听过《白雪公主》的故事,但今天我们要说的并不是美丽善良的白雪公主和她的爱情故事,而是要来剖析她那位世界著名的恶毒后妈——皇后。

读过这个故事的人都知道,皇后有一面神奇的魔镜,可以知道谁是世界上最美的女人。而皇后每天都要问上好几遍这个问题,直到听到满意的答案——最美丽的女人是她为止。

其实,皇后与白雪公主并没有明显的冲突,按理说她没必要那么恨白雪公主,非要置她于死地。但是有一天,当魔镜告诉她,白雪公主成了世界上最美丽的女人之后,皇后便陷入了疯狂的嫉妒中,一心想要杀了白雪公主。

仅仅因为嫉妒,皇后就要杀掉白雪公主,这是为什么呢？这是因为皇后患有典型的自恋型人格障碍,可以说已经病入膏肓了。

患有自恋型人格并不是我们生活中常说的“自恋”那么简单,它是一种心理疾病,是一种人格障碍,稍有不慎便会造成很大的危害。

自恋型人格障碍的人会夸大自我价值,并且严重缺乏对他人的公感性。这类人傲慢自大,自己的一点点算不上成就的小功劳都可以被他们夸大无数倍。他们觉得自己是天才,所有人都低他一等,所有人都应该为他们惊叹。那些不欣赏他们的人都是没有眼光的。

他们的攀比心理非常重,一面幻想自己很有成就,一面又清醒地拿自己和那些真正有成就的人进行比较,每遇到一个人都要比较自己和对方的优势,遇到比他们更成功的人就会产生强烈的嫉妒感。

他们的自尊心又强又脆弱,非常在意别人对他的评价;很少在意别人的感受,却要求每个人都必须在意他的感受,只喜欢赞美、表扬,讨厌批评和建议。

所以,有自恋型人格障碍的人,人际关系多数都有问题,他们即使交友也是从利益出发,不可能长久,而且他们不切实际的幻想和自以为是的态度会严重影响到日常工作。

菲菲在一个家庭条件非常优越的环境下长大,她是家里的独生女,从小就被父母当作掌上明珠,宠得不得了,无论提什么要求父母都会满足她,无论做什么事情父母都夸奖她,即使她犯错了,父母一般也不会批评她。

时间长了,菲菲便养成了骄纵、任性、傲慢的性格,对自己自信心爆棚,觉得自己做什么都是对的。长大后,进入父母所在的企业工作,对下属动不动就颐指气使,从不接受别人的建议,工作上无论大事小事都得经过她同意才能执行,她的方案都必须通过。

菲菲认为自己在工作上非常完美,但其实所有的员工都在背后说她的闲话,抱怨她是“老佛爷”“山大王”,没有一个人服她的。

而且因为她难缠的性子，即使她是天之骄女，样貌好、家庭好，仍旧还没找到男朋友，因为没有一个人能够忍受她的自大。

菲菲有过一个交往了三个月的男朋友小李。小李与菲菲的公司是合作关系，一开始，小李不了解菲菲的性格，在洽谈合作的过程中发现菲菲做事非常果断，还总是一个人拿主意，认为她是一个独立、有魄力、有主见的女孩，对她很有好感。

两人相处了一段时间，小李有点受不了菲菲的女王性格了。给她买礼物，她从来不看看礼物的实用性和质量，就看价钱。有一次，小李给她买了一个不是什么大名牌但是外形非常时尚、质量也很棒的包包，菲菲却说："这个价位的东西怎么配得上我呢？简直有失我的身份。"

小李省吃俭用攒钱买了一辆三四十万的车，平时觉得还挺不错的。两人第一次出去约会的时候，他便开着这辆车去接菲菲，没想到，菲菲看了一眼，嫌弃地说："算了，还是开我的车吧，你这车太低端了，吃饭的地方我常去，被人家看见了可不好。"

类似这样的事情每天都在发生，小李的自尊心严重受挫。但是矛盾并不仅仅因为这些，每次去看电影，菲菲看到那些影视明星，都会在小李旁边说："这破电影有什么看头，你看那女主角长得哪里好看，连我一个手指头都比不上，哭起来简直丑死了，还没有演技，我去演肯定比她强。"

每天晚上菲菲都要问小李一遍："你爱我吗？"还要求小李必须说出爱她哪一点。她还特别喜欢让小李每天给她找不同，今天的妆容和昨天哪里不一样，今天又买了什么新的饰品，今天的发型有了什么新变化。她很自然地认为自己的一丁点变化都应该是别人注意的焦点。一旦小李答不上来，就会遭到菲菲的谩骂，有时候还会动手打他。

但菲菲和她的父母对小李还是挺满意的，并提议两人尽快订婚。小李却再也不想忍受这位女王，提出了分手。菲菲非常生气，却一点也不伤心，只是觉得丢人：像她这么优秀的人，就算要抛弃也应该是她抛弃别人呀，怎么能被人抛弃呢？一定是他觉得配不上自己，有压力了。

菲菲就是典型的自恋型人格，她时刻都以自我为中心，狂妄自大，习惯主导一切，所有人都应该听她的话，觉得没有人配得上她。

职场中这样的人更是多见，尤其是一些并不怎么有地位的小领导，总是不可一世的样子，在做生意的时候从不跟地位比自己低的人讲话，认为有辱自己的身份，只喜欢听下属阿谀奉承的话，不能接受下属指出他的错误，一旦对他的命令有所违抗，就会被报复，受到粗暴的对待。

周立是某公司新来的销售，他接手了一项与一家外贸公司合作的项目，项目谈成以后，销售部主管领导王总让他拿着报表去和财务部的经理报备。

周立来到财务部经理的办公室，很有礼貌地敲门，得到应允走了进去，并做了自我介绍，结果对方只是瞥了他一眼，就打断他说道："你是刚来的吧，我以前没见过你啊？"

周立实诚地说道："是的，马经理，我刚来销售部不久。"

对方听了，口气很轻蔑地说："那你应该也就是一个普通员工吧？你们王总就让你来跟我沟通？你们部门没人了吗？一个小员工也配跟我报告工作？"

周立听了对方说的话和鄙夷的语气，很是郁闷，也很委屈，但为了自己的工作还是忍下来了，然后主动介绍起这次的项目涉及哪些款项。还没等他说完，对方就再次打断他："行了，我现在没心情听你说这些，你放这儿吧，有事我会找你们王总的。"

说完之后懒洋洋地喝了一口咖啡，看也没看周立一眼。周立只好忍着怒气离开了。

这位财务部经理也是典型的自恋型人格。

那么，自恋性人格障碍是怎么形成的呢？精神分析理论认为：

主体无法把自己本能的心理力量投注到外界的某一客体上，该力量滞留在内部，便形成了自恋。而现代客体关系理论则认为，自恋性人格障碍的特点是“以自我为客体”，也就是说他们“你我他不分”。

之所以会造成这种现象，与某些人的童年经历密不可分，父母的长期分离、关系不和或者父母态度不端正，对孩子过于粗暴或过于溺爱，让患者觉得爱自己是安全的、理所应当的，从而患上自恋型人格障碍。

2. 强迫型人格：“工作狂”有时也很无奈

> 强迫型人格的人大多过分追求完美，吹毛求疵，拘泥于形式或程序。他们总是陷入一种莫名的焦虑中，强迫自己去做这个、做那个，虽然自己知道这些担心和疑虑是多余的，却总是控制不住地去思考、去行动。如果不让他去做他想做的某件事情，整个人就会变得焦躁不安。

看过美剧《生活大爆炸》的人，一定知道主角之一的谢耳朵，他在剧中的设定是一个非常严谨、注重细节的高智商人才，他极具逻辑性，做事高度理智，同时也高度僵化，他的任何行为都是被他自己规定好的，绝不能有一丝不同，身边的任何物品都必须保持他想要的完美样子，否则就会抓狂，变得暴躁。

比如他每次坐沙发的时候，永远都只坐在同一个位置；他不允许别人随意进出他的房间，进房间之前必须敲门，而且只能敲三下，多了不行，少了也不行；他房间里所有的东西都必须干净整齐，不能允许有脏、乱、差的情况出现；他给自己规定好了一周的食谱，每天吃的东西都不能重样，固定顺序也不能被打乱，一旦出错宁愿饿着也不会继续错下去；他说话的时候从不允许别人打断他，做事情的时候更是如此，一旦被打扰就会暴走；再比如，他给自己涂抹护肤乳、药膏之类的东西时必须按照逆时针的方向涂抹。诸如此类的现象和行为数不胜数。

剧中谢耳朵这样的行为，或许为了喜剧效果而稍微夸张了一些，但是生活中却不乏这样的人，你看了之后也一定会觉得他的行为似曾相识，因为这就是典型的强迫型人格。

强迫型人格简称强迫症，在心理学中被视作以反复出现强迫观念为基本特征的一类神经症性人格障碍，是由于个人内心深处存在的不安全感而导致的，表现出一种小心翼翼、忧虑、谨慎、怀疑、要求严格，追求完美的人格特征。他们反复出现的一些刻板行为其实是屈从于强迫观念、想要减轻内心焦虑的结果。

根据心理学研究发现，强迫型人格的形成一般在幼年时期，与家庭教育和生活环境、经历有关。若是在童年时期就表现出过度追求细节、追求完美，做任何事情都按部就班，行为刻板，控制欲强等性格特点，则有很大可能患有强迫型人格。

强迫型人格在生活中不太常见，但是总会遇到那么一两个，尤其是那些工作狂人，百分之九十九都是因为他们有强迫型人格。

王道华是一位律师，业务上十分出色，是一位不折不扣的工作狂。他在事务所工作近十年，每天都兢兢业业，非常勤劳，来得最早，走得最晚，所有人都知道他是工作最卖力的员工。

他自我要求非常严格，读书时学习成绩非常优秀，工作后要求自己做事一定要做到最好，每一个他接到的案子从不假手他人。他几乎每年都要换两三个助手，因为他要求严格，经常反复修改他们的工作报告，他总认为助手做事太马虎，不是这里出错，就是那里出错，只有自己做才最放心。所以，没有一个助手能够忍受他的吹毛求疵和无休止的加班。

有一次，朋友过生日，王道华下班后又留在公司加班，直到晚上八点多才在朋友的催促下一起去吃饭。吃饭的时候，王道华一直在跟朋友讲他刚刚处理的那个案件，一会儿问他自己这样做是不是合理，一会儿问他是不是应该那样做更好。好不容易吃完了饭，他又跟朋友说："我刚才突然想到一个关键点，我还要回去修改一下。"此时已经快晚上十一点了，他居然还要回去工作，朋友觉得非常不能理解。

即使如此认真负责，王道华的工作业绩却不是最好的。他不放心把工作交给别人做，往往同时要负责好几个案子，事事亲力亲为，这就导致他的工作效率极低。而且他想把每一个案子都做到最完美，不禁常常陷入迷茫之中，不知道应该先从哪一个下手。别人每天工作八小时，他工作十几小时也不能如期完成任务。

时间一长，王道华也发现自己的工作状态出现了问题，在朋友的建议下去看了心理医生。

在交谈中，医生发现，王道华是一个控制欲很强的人，不论是朋友、家人还是下属，只要有人违背他的意愿或者妨碍了他原本的计划，他就会发火。而且他极其注重细节，只要有一点不如他意的地方就要反复修改到满意为止，而这些地方在别人看来根本没有什么差别。

王道华走进医生办公室的时候，发现他坐的椅子是对着窗户的，而他必须背着窗户坐才行，便立即把椅子换了个位置。看到医生在倒水的时候把办公桌弄湿了一点，王道华便不由得皱着眉头盯着那摊水渍，最终还是忍不住动手把水渍擦干了。在咨询过程中他三句不离工作，并不断催促医生，询问何时能够结束。

其实根本不用医生做诊断，就可以看出王道华根本没有精神问题，只是存在着明显的强迫型人格。他热衷于追根究底，总是鸡蛋里挑骨头，对自己、对下属都严苛到了极致，几乎到了一种病态的程度，这就是典型的强迫型人格障碍。

最关键的是，具有强迫型人格的人不仅仅在工作上具有强迫性，在生活中也处处体现着他的强迫性，他们通常会有几下几种表现：

（1）强迫性穷思竭虑

有强迫型人格的人总会反复思考一些事情，喜欢打破砂锅问到底，但是他们思考的问题其实都没有什么意义，诸如“为什么人每天要吃三顿饭”“为什么‘爸爸’要称呼为‘爸爸’，而不是别的什么称呼”“为什么鼻子和嘴巴都只有一个，眼睛却要有两个”之类的问题。他们的思维常常钻进一个死胡同，在一些毫无意义的问题上苦苦纠缠，没完没了地进行辩证。

（2）强迫担心

有强迫型人格的人总是会出现一些莫名的担心，担心自己走在路上会不会突然被楼上掉下来的花盆砸中；担心别人用过他的东西会留下细菌和病毒；担心自己是不是哪一句说得不好不对，会引起别人的反感。

（3）强迫怀疑

有强迫型人格的人总是对自己做过的一些事情产生怀疑，比如总是怀疑自己刚刚修改好的文件是否保存好了，然后找出来反复查看、保存；比如出门时老是想着家里的门窗是否都上好了锁，即使走了很远也要再回去看一看。他们也知道自己的怀疑没有必要，也清楚自己应该把一切都做好了，但就是摆脱不了那种焦虑感，不检查总是不放心。

（4）强迫回忆

有强迫型人格的人总是会反复回忆自己经历过的事情，回想自己的一些行为、言语是否正确，尤其是那些失败的经历、错误的决定等，然后一边回忆，一边幻想，如果当初怎么怎么做，或者不那样做事情会怎么样，然后陷入无尽的懊恼和后悔中。

（5）强迫意向

比如看见水就想往里跳、看见机器就想把零件给拆开、外出必须带上伞、桌子上必须放一盆仙人掌等荒谬的行为。

3. 依赖型人格:不愿意长大的"小孩"

依赖型人格大多是童年时期受父母宠爱,养成了依赖别人的习惯。只希望别人对他们好,却放弃了对待他人好的义务。这样的人大多缺少独立意识,喜欢依赖他人,敏感脆弱,自控能力差。他们没有主见,也没有特别的兴趣,只要找到一个可依赖的人就心满意足了。

男生都觉得找女朋友就应该找那种娇小可人、温柔可爱的,能够一把揽在怀里,宠她、安慰她,遇到事情自己冲在前面逞英雄,所有一切都听从自己的建议。这样的女朋友或许真的很受一些大男子主义的人的喜爱,但是,有的女孩子依赖性太强也很"恐怖"。

美娜生活在一个非常幸福的家庭,父亲事业有成,家境优越,母亲温柔端庄,而且父母感情一直都很融洽,家里就她一个独生女,从小就非常宠爱她,含在嘴里都怕化了。

而美娜也是一个性格温顺的女孩子,从小就非常懂事、听话,任何事情都会在得到父母的允许之后才去做,从来没有叛逆期。

小时候,每次寒暑假,别的小朋友都出去找小朋友玩,只有美娜乖乖地留在家里,如果父母没有让她出去玩或者让她去做什么的话,她可以自己一个人待一整天。就连看电视,也只有爸妈开口,她才会照着做。

妈妈看她实在无聊,便把她送去学画画。接触到画画之后,美娜很快就喜欢上了,小学期间一直断断续续地学习画画。等到美娜高考,填报志愿时,父母问她那么喜欢画画,要不要报一个艺术院校继续学习。但是美娜考虑了半天也没能拿定主意,总去看父母的表情,最后还是爸爸给她决定的。

上了大学以后，室友们很快就发现美娜是一个非常依赖别人的人。平时吃饭的时候，大家可能会有这样那样的事情不一定都在一起吃，如果没有人陪美娜一起吃饭的话，她宁愿饿着，也不愿一个人去食堂打饭。逛街的时候更是这样，不管她缺了什么东西，如果没有人和她一起，她从不会主动去逛街。有一回她硬是借用了室友半个月的洗衣粉也没去超市买新的。

每次去辅导员那里交作业，美娜都要拉着室友一起，哪怕她明明是第一个完成作业的，总要拖到最后才去交。选修课程的时候更是如此，明明她最想选的是围棋，但舍友都觉得这门课程太过无聊，纷纷选择了女子防身术，原本娇小瘦弱的美娜便也跟着选了这门课程，每次上课都累到不行，还多次受伤。

大学毕业以后，其他的同学早就做好了今后的打算，有的选择就业，在实习期直接签订了合同；有的选择继续深造。但美娜不知道应该是继续读书还是工作，在实习期间一直待在家里浪费时间，最后还是父母帮她找了一份工作。

父母也觉得美娜的性格太软弱，不适合其他工作，小学美术教师最适合她了，于是就让她去当了老师。

工作的问题解决了，接下来就是另一件人生大事——婚姻问题了。学校有一位男老师，姓何，比美娜大两岁，年轻有为，高大英俊，对美娜一见钟情。他觉得，美娜看起来柔柔弱弱、温婉可人，让人特别想保护她，于是便向美娜表白。

两人交往之后，美娜也不知道应该怎么跟对方相处，事事都要征求父母的意见。明天何老师约她去看电影，自己应不应该去？昨天何老师说想亲亲她，自己应不应该同意？今天中午何老师没去学校食堂吃饭，自己是不是应该打电话问候一下？

何老师在相处过程中也慢慢觉得美娜有些太过于依赖别人了，尤其是自己。美娜无论遇到什么问题都不会想着应该怎样解决，而是想着怎么找到他，让自己教她方法。有一次，她班上一位同学上课时突然流鼻血了,美娜的第一反应居然不是赶快止血,而是打电话给何老师,问他应该怎么办。结果,这一来一往的耽误,孩子流了好多血,家长来找学校要说法。

相处半年之后,美娜跟何老师订了婚,搬到一起住。两人间的矛盾越发显现出来。家里米面吃完了,油用完了,美娜的第一反应都是给何老师打电话让他去解决。有一次,何老师和同事一起到外地学习,要一星期的时间。结果在这期间,家里面的线路出了问题,停电了。

美娜给男朋友打电话问他怎么办。何老师说:"这个问题还要问我吗?当然是找工人来修了,我没有这方面认识的人,你去街上找一家家电维修的店,让他们派工人去修。"

"可是,我去哪里找啊?找谁家啊?"美娜怯生生地说。

"满大街都是啊,随便一家都可以,这种事情你就自己决定吧。"

"可是,我真的不知道应该怎么决定。"

后来何老师因为还要上课就把电话挂掉了,之后美娜也没有再提起这件事,他以为已经被处理好了。结果回家之后发现家里落了一层灰,还是没有电。原来,美娜犹豫了很长时间还是不知道应该怎么办,就暂时搬回爸妈家里住了,停电的事整整一周都没有人管。

何老师也是实在不知该说什么了。经过长时间的思考,最终选择和美娜分手了。

美娜的这种依赖,不知道什么样的人才消受得起。她的这种性格体现出来的是一种依赖型人格。她就像一个永远长不大的孩子,事事都要父母帮她做决定,她毫无主见,完全依赖他人,离了别人的帮助什么事情都做不成,连生活都不能自理。

当然,这种性格并不仅仅局限于女性,很多男性也会患有依赖型人格。心理学家霍妮在分析依赖型人格时,指出这种类型的人有以下几个特点:

第一,他们常常感觉自己很渺小、很可怜,觉得非常软弱、无助,一旦到了要自己拿主意的时候，就会一筹莫展、无所适从。

第二，他们理所当然地认为其他人都比自己优秀、比自己能干，并且无条件地信任身边的亲友、无节制地依靠他们。

第三，他们总是倾向于以别人的看法来评价自己，对自己认识不够，经常觉得自己会遭人遗弃，因为得不到肯定而受伤。

依赖型人格的人往往都是别人眼中的乖孩子、乖学生，所谓的贤妻良母，因为过分依赖他人，所以他们的喜怒哀乐都取决于别人，总是看人脸色生活，即使本身并不是乖巧的性子，也会因为害怕被遗弃而选择容忍，表现得非常听话。

依赖型人格同样源于人的幼年时期，父母过于宠溺，事事都提前为他们做好准备，什么事情都不用他们担心，时间一长就养成了依赖别人的习惯，失去了独立的机会。他认为只有在父母身边才是最安全的，一旦离开父母便不能生存，成年以后也依然不能自主。

如何纠正依赖型人格呢？

首先，要从习惯上进行纠正。依赖型人格的人依赖行为已经成了无意识的行为，潜移默化地成了他们做事的准则，所以若想纠正依赖型人格，就必须先破除这种不良习惯，遇到事情要提醒他们去想办法解决，尽量让他们独立完成。

其次，是要帮助他们重建自信。具有依赖型人格的人都不自信，觉得别人的能力都比自己强，所以建立自信心是非常关键的一步。可以让他们多做一些平时没有做过的冒险的事情，增加他的勇气。

4. 表现型人格：生活处处是舞台

一些有人格障碍的人不喜欢社交，总是一个人独来独往，冷漠、孤僻，但是也有一些有人格障碍的人完全相反，他们热情、奔放，总是喜欢扎堆在人群里，吸引所有人的目光，这就是表现型人格。拥有表现型人格的人总是爱幻想，过度夸大自己的感受，给人一种做作的感觉。

这天，徐岩和女朋友约好一起出去吃饭，因为他正好要替妈妈到附近的商场换一件衣服就提前出发了一会儿，他到达餐厅时距离约好的时间还有十几分钟，就先点了一杯茶坐在那里等。

冬天的午后，坐在落地窗前，感受着温暖的阳光是一件非常惬意的事情。由于并不是用餐高峰，餐厅里面的人并不多，没有人大声喧哗，安安静静地喝茶，轻声聊天，只有一首悠扬的钢琴曲在轻轻回荡。

徐岩一边喝茶一边无聊地观察窗外来往匆匆的人群。大家都裹着厚厚的棉袄，步履匆匆地赶向目的地，想要摆脱这彻骨的寒冷。但是人群中却有一个人很另类，只见他穿着单薄的黑色风衣，就像电影《黑客帝国》中的男主角穿的那种非常拉风的风衣，没有扣扣子，一只手插在裤兜里；戴着一副墨镜，脚下蹬着一双黑皮鞋，看起来并不厚实，应该并没有加厚，只是单层的。

这样的着装在隆冬时节非常引人注意，徐岩不禁多看了他几眼，越看越觉得对方有些熟悉，这样不拘一格的行事风格很像他的顶头上司。正好这时候对方走到了徐岩所在的玻璃窗的位置，徐岩定睛一看，果然是他的上司。果然这样喜欢出风头的人全世界也找不出几个吧，徐岩暗暗吐槽。

上司也发现了徐岩，徐岩被逮个正着，尴尬地转移了目光。这位上司却并没有因为被人偷窥而不高兴，反而更有精神了。

上司笑着推开餐厅的大门，离着很远就大声跟徐岩打招呼：“徐岩，好巧，你也在这里吃饭啊！”

这一声响亮的招呼，顿时引起餐厅里其他顾客的注意，纷纷看向他。一般人如果在公众场合下被大家围观，多少会觉得不好意思，但是徐岩的这位上司显然不这样想，他仿佛是受到了什么奖赏一般,脸上的笑容更加灿烂了,原地转了一个圈,给大家行了一个绅士礼,再次大声地说道:“你们好,用餐愉快!”

上司快步走到徐岩面前,非常优雅地坐下,然后问道:“你觉得我今天这身打扮怎么样?我约了露西一起吃饭,她可是为我推掉了很多邀约呢!”露西是他们公司老板的女儿,长得非常漂亮,是所有单身汉追捧的对象。

徐岩干巴巴地笑了笑:“非常好,特别有气质。”

“我也这么觉得,你知道,露西特别喜欢弹钢琴,我前几天特地为她学了一首曲子,打算借用这里的钢琴弹给她听,不如你先给我评价评价。”

说完就要上台去弹琴,徐岩连忙拦住他:“领导,不太好吧,人家这首曲子还没弹完呢。”

“可是我已经迫不及待地要为你展示一下我的才艺了!哦,对了,我的手机里面有录的视频,你可以先看一下。”说完也不等徐岩回答,径自拿出手机开始播放视频,还把声音开到了最大。一边放视频,一边给徐岩讲解:“这是一段琶音,非常考验演奏者的技巧,但在我这里就是小菜一碟。看到我的手指了吗,简直天生就是为了弹琴而生的,多么完美的手形,多稳哪……”

徐岩深深为自己有这样一个表现欲旺盛的领导感到悲哀。不仅仅是在生活中,就连平时工作中,这位上司也时刻在表现自己。每天都把自己打扮得跟花孔雀一样。每次部门完成了什么业务,他就会在群里广播通知,附带称赞一下自己的领导多么正确、决策多么英明、眼光多么独到,即使这里面并没有他什么事。每次有合作伙伴来他们公司考察,他就争着要做接待人员,拿出自己所谓的才艺在合作方面前大显身手。

记得在一次公司周年庆典上,他的上司代表部门上台演讲,那举止、那动作、那表情夸张到无以复加,偏偏他还很享受,觉得自己表现得完美无缺,还自己给自己订了一束花,让徐岩上台送给他。

这位上司还对着徐岩的耳边絮絮叨叨没完，搞得人头昏脑涨，幸好他的女朋友及时赶到才救徐岩脱离了苦海。

徐岩的这位上司觉得这世界就应该围绕他转，他应该是话题的主导者，所有人的目光都应该注视着他才行。他觉得自己有责任让别人见识到他的优点，这样才不会留下遗憾，所以不管别人接受不接受，都会跑到别人面前表现一番，而且还要让你肯定他、赞赏他。

这种人就是典型的表现型人格。这类人总是给人一种夸张、做作的感觉，但是他们自己却觉得很正常，他们喜欢被人关注，随便一个地方都可以成为他们的舞台，没有什么能够阻止他们表现自己。

表现型人格障碍，又称寻求注意型人格障碍，或癔症型人格障碍，有这种人格的人多在25岁以下。心理学上认为，这种人格过分感情化，情绪外露多变，喜怒哀乐皆形于色，而且特别矫揉造作，动不动就发脾气，容易极端情绪化。

有这种人格的人极度需要别人的认可，他们在行为举止上总是很出格、很夸张，十分关注自己的外表，在意自己的行为是否受到大家的欢迎。他们以自我为中心，从不为他人考虑，不习惯思考，举止思维像孩子一样天真幼稚。当他们察觉到别人不注意他们的时候，常常会做出一些过分、做作的行为以引起别人的注意。

所以，具有表现型人格的人，人际关系都会非常紧张，没有人受得了他们的“热情”，对他们唯恐避之不及。

表现型人格障碍与其他类型的人格障碍一样，大多在童年、少年时期就有所体现，很少有人在成年后才表现出来，但是要想做出确切的诊断必须等到18周岁以后做了临床试验才行。

据调查显示，表现型人格障碍的形成与基因和家庭环境有很大的关系。研究表明，童年时期缺乏家庭关爱，父母关系不和谐的孩子更容易发展成表现型人格障碍。

珍妮从小学习成绩不太好，她的外貌算不上很好看，各方面也说不上优秀。她的父母感情不和，为了各自的事业在外奔波劳碌，很少有时间陪伴她，所以珍妮很多时候就是独自一人，她非常渴望得到别人的关心与关注。

珍妮努力学习，但是因为天赋一般，成绩总是在中游徘徊，从来没有得到过老师同学欣赏和羡慕的眼光。于是珍妮开始改变方式，逃课、化妆、打扮自己，和那些不爱学习的男孩子混在一起，享受他们的追捧。

长大之后，珍妮这种想法越来越强烈，她打扮得花枝招展，游荡于各间酒吧里。在学习和工作中也不再重视自己的成绩和能力，只想着怎样去展现自己的好身材，怎么让别人发现她多才多艺。

她喜欢聚会，越是人多的地方她就越开心，一旦聚会结束了，她就会觉得异常落寞。

表现型人格障碍是一种比较棘手的心理障碍，一旦形成便很难治愈，目前的治疗方法效果都不明显，就连心理学研究十分发达的美国，临床治疗的数据也并不乐观。而且，值得注意的是，患有这种心理障碍的人自杀率非常高。因为一旦对方觉得别人对他的关注度不够，就会变得忧郁，整日不开心，或者有点小事就哭哭啼啼，最终走上自杀的道路。

因此，最好还是采用认知行为疗法，长时间进行心理治疗，耐心地陪伴他们，教会他们正确地表达需要，对于改善他们的人际关系还是有一定效果的。

5. 偏执型人格：都是猜忌怀疑惹的祸

生活中存在这样一群人，他们固执、自以为是、孤僻多疑、不近人情，总是嫉妒、猜忌别人，亲人朋友见到他们都会退避三舍，他们很难或者说根本就交不到朋友，和周围人的关系总是搞得很僵。这就是偏执型人格的人。

不知道大家是否看过曾经很火爆的现实题材室内情景剧《渴望》，这部曾经轰动全国的情景剧里，有一个角色让所有人记忆深刻，她就是王亚茹。演员所表现出来的这个角色，自负、傲慢、清高，看不起任何人，而且还生性多疑，性格乖僻，为人非常冷漠、刻板。生活中，她我行我素，根本不顾及别人的感受，也不考虑行为带来的后果，总是怀疑别人要对她不利，和身边的人都无法正常相处，就连与家人也时常怒目以对、不近情理。

看过这部电视剧的人，可能会发出这样的疑问：现实生活中真的有这样不合群、爱猜疑、没有人情味的人吗？当然有。像王亚茹这样的行为模式表现出来的就是一种典型的偏执型人格，自然是因为现实中有这样的人，才会有这种人格定义。

在心理学中，偏执型人格又叫妄想型人格，有偏执型人格的人极度敏感，不停地猜疑、嫉妒和埋怨别人，对别人无意间说的话耿耿于怀，认为在针对自己，总觉得身边的人都想伤害自己。他们思想死板，心胸狭隘，见不得别人过得好，爱挑衅滋事、引发争吵。

孟雷最近刚刚跳槽到一家新公司，担任某部门副经理。他的顶头上司是一位资历老、经验丰富的老前辈张经理。孟雷本来很高兴，觉得自己很幸运，被分到这样一位优秀的前辈手下，可以学习到很多知识。但是到新公司第一天，新同事看着他，眼神中不是羡慕，而是同情。

很快，孟雷就知道原因了。刚上班，孟雷还不熟悉公司的业务，也没什么事情可干，但是他觉得应该和新同事搞好关系，就很殷勤地把办公室整个打扫了一遍，主动帮助同事打印文件、传送文件，还帮同事打午饭。

同事都很喜欢这位新来的副经理，不禁在张经理面前替孟雷说了几句好话。结果，孟雷很快被叫进了经理办公室："你想干什么？想收买人心啊？让大家都跟你穿一条裤子来排挤我是不是？你是不是觉得副经理委屈你了,想做这个正的啊?”

孟雷觉得张经理有些奇怪,自己不过是做一些力所能及的事,想和新同事搞好关系,怎么在他眼里就成了一个谋求私利的人了呢?

“怎么会呢?我今天刚来,也没有什么工作要做,就帮大家跑跑腿,这是我应该做的事情啊,我没有想要取代您的意思。”

经过好一番训斥孟雷才被放出办公室。后来,孟雷便时刻谨记张经理的话,不再和同事走得太近,做一些“收买人心”的事,把精力全部放在工作上,完成了好几个漂亮的案子,公司领导对他赞赏有加。

有一天晨会,公司大老板当着各部门经理的面,夸赞孟雷不错,有能力,还很谦虚,有发展前途。其他部门经理都纷纷恭喜孟雷,只有张经理,回来后又把孟雷叫到办公室,气呼呼地问道:“你是怎么回事?你看我不顺眼是吗?是不是故意抢我风头?这些案子本来都应该是我负责的,谁让你自作主张的?”

孟雷被说得一头雾水:“怎么会呢?您是我的上司,我当然很尊敬您了。这些案子不是您当时说没时间,才交给我的吗?”

“你有把我当上司看吗?才进公司几天就想踩着我的头向上爬,不自量力!”

孟雷很无语,自己明明没有这样想,难道工作做得好也有错了?为什么自己无论做什么在张经理眼里都不对呢?

孟雷不知道的是,张经理就是典型的偏执型人格,他心胸狭隘、生性多疑,总是以小人之心度君子之腹,无论孟雷怎么做,在他看来都是想要争先,想要超过自己。

而有偏执型人格的人如果建立家庭,更是常常闹得鸡犬不宁,动不动就怀疑自己的配偶不忠。

刘芸是家里的长女,因为家庭条件不好早早辍学外出打工,一直在外奔波,直到二十七八岁了,才在家人的催促下关心起自己的终身大事来。在农村，年龄这么大还不结婚是会被说闲话的，于是家里的亲戚纷纷为她介绍相亲对象。

赶鸭子上架的刘芸在相过几次亲后也觉得心累，只想找一个合适的就嫁了，然后她遇到了现在的丈夫杜明。两人认识三个月后结了婚，彼此根本不够了解，但是杜明的家庭条件和工作都很不错，而且看起来也很贴心、温柔，刘芸便想着凑合凑合算了。

结婚之后，她慢慢发现丈夫很强势，也很多疑。他不允许刘芸外出工作，不允许刘芸和异性交往，哪怕只是正常的人际往来，刘芸只要多在外面待一分钟，他就要质问刘芸在做什么。无论刘芸怎样解释，他都不会听。

有一次，刘芸因为和领导讨论工作，晚上加了一会儿班，领导见天色已晚便说要送她回家。谁知刚进家门，就看到杜明站在门口脸色阴沉地看着她，开口就问刘芸刚送她回来的男人是谁，两个人这么长时间在做什么。刘芸当时已经很累了，不愿意和他吵，就没有搭理他，没想到，杜明上来就是一个巴掌，把刘芸都打蒙了。

后来，刘芸发现，杜明不仅仅对自己这样猜疑，他对身边所有人都是这样，一旦从别人口中听到他的名字，就会猜测是不是对方在说他的坏话，然后莫名其妙地大发脾气。

刘芸觉得这个家根本不像个家，每个角落都充斥着抱怨和猜忌，永远都是不断的争吵。最后她毅然决然结束了这段不到一年的婚姻。

刘芸的选择是对的，与这种偏执型人格的人在一起，时间久了，自己也会越来越郁闷，心情越来越差，说不准会变成一个怨妇。这种偏执的人很难听进去别人的劝解，总认为自己的想法才是绝对正确的，即使证据摆在面前也不会承认自己错了。他们总是活在猜疑之中，总觉得一切坏事都是冲着自己来的，经常对号入座，然后寻衅报复，像只刺猬似的不断刺伤别人。

偏执型人格形成的原因多是幼年时期缺少关爱，不被信任，以及后天的受挫、自卑等。医学界表示，对偏执型人格的治疗应以心理疗法为主，帮助他们克服多疑、敏感、固执的人格缺陷。主要方法有以下几种。

(1)认知提高法

对有偏执型人格障碍的人，我们应该努力提高他们的自我认知，让他们明白自身存在的人格障碍，以及这种障碍会带来的危害，激发他们自愿改变的愿望。

(2)交友治疗法

有偏执型人格障碍的人很难相信别人，更不会接受别人的善意，所以要想让他们改变敏感多疑的性格，首先就要与他们建立良好的信任关系，与他们成为朋友，让他们学会信任别人。

(3)自我疗法

有偏执型人格障碍的人很不理性，非常容易走极端，因此，要让他们学会分析自己的非理性观念，对这些观念进行过滤、改造，剔除其中偏激的成分。每当发现自己即将走上极端的时候，就要告诫自己，分析自己的行为和观念，阻止自己的偏激行为。

(4)敌意纠正法

有偏执型人格障碍的人总是对周围的环境与人产生莫名其妙的敌意，觉得一切都是在针对自己，所以需要减轻他对事物的敌意。比如，经常进行自我提醒，遇事保持冷静，学会忍耐。

另外，要想与有偏执型人格障碍的人成为朋友，就要做到两点：

首先，坦诚相见，真诚以待。态度必须是积极的，要让他看到你的诚意，相信你的友好，克服不安全、不信任感。

其次，就是要学会忍耐。在与他们相处的过程中，一定要保持宽容的态度，不要与他们一般见识，因为他的无端猜疑而发怒，要以柔克刚，始终保持友好。

第十章　操纵模式，让别人都听你的

1. 南风法则：柔性的力量有时候无穷尽

俗语说“良言一句三冬暖，恶语伤人六月寒”，不管是谁，在什么情况下听到冷言冷语，心情瞬间都会低落到冰点，而听到温柔、鼓励或关怀的话，人们立刻就会感觉很贴心，即便刚才情绪有点低落，也很快便阴转晴。有时候，一味地以强权压制别人，责骂别人并不能让对方更信服你，反而会越来越疏远你。

法国著名作家拉封丹曾经写过一则寓言，而这则寓言如今也被选入了我国的小学课本，相信大家都很熟悉。

北风和南风都是风家族的成员，它们分管不同的领地。一个散发出的力量是强劲、寒冷的；一个散发出的力量是温暖、柔和的。它们彼此一直都不服对方，都觉得自己更厉害，经常互相较劲。

有一天，北风正发出强劲的气流一路向南飞驰，就在它快要到达南风地界的时候，被南风察觉到了。要知道，南方的人们都穿着很轻薄的服装，外套并不厚实，北风一来他们都会感到寒冷，于是南风前来阻拦它。

北风遇到阻拦非常生气，对南风说道：“你没看见我正在前行吗？赶快让开！”

南风笑着回答:“这里并不适合你,你还是赶快回到北方去吧。”

北风说:“凭什么你就可以待在这里?不如我们来比一场,看看谁的威力更大!”

“好啊!比什么?”南风也不客气。

北风想了想,看见路上过往的行人,就说:“咱们就比谁能脱掉行人身上的大衣!”

南风同意了。北风先来,它施展自己的威力,刮起了一股冷冽的寒风,呼啸着奔向大地,想用猛烈的风把行人身上的大衣吹掉。结果路上的行人感受到这股带着寒气的风,不仅没有脱掉大衣,反而为了取暖把大衣裹得更紧了。

北风失败了,轮到南风上场。南风徐徐地放出风力,释放着暖意,原本因为北风的力量而被冰封的大地顿时回暖,冰雪消融,变得风和日丽。温暖的南风夹杂着阳光拂过行人的身上,他们都感受到了暖意,纷纷解开纽扣,脱下了大衣。

很显然,南风赢得了这场比试的胜利。

北风和南风都想脱掉行人的大衣,但是它们选择的方法不一样,一个强硬,一个温和,最终结果大相径庭。其实这个故事告诉了我们一个简单的道理:在处理人际关系的时候,一定要特别注意方法,强权和力量并不一定能让所有人都信服你、顺你的意;要想赢得别人的好感,获取信任,让他们都听你的,首先要让对方感到温暖。

于是后人便把这种处事原则称为“南风法则”,或者“南风效应”“温暖法则”。

每个人都具有排他性,我不喜欢你为什么还要接受你?一个人如果讨厌另一个人是不可能听他的话、帮他做事的。因此,在人与人之间的交往中,只有和你相处融洽、愉快的人,你才会认可他,继而才会认可他做的事情。反过来,如果你想让别人认同你,为你做事,首先也应该做到让别人和你相处时觉得自在、舒服。

历史上,成功运用南风法则的人,用无数的历史事实向我们证明了这一点。比如刘邦,他一没武力,二没势力,之所以能够打败人多势众、英勇不凡的项羽,就是因为他对手底下的人非常友善,信任他们,给他们足够的发挥空间,让他们死心塌地地给他卖命。

再比如唐太宗李世民,他能登基,虽然时事所迫成就了他,但说得不好听点,他就是一个弑兄杀父的篡位者。如此六亲不认的君主为什么还能够得到百姓的爱戴,还能够得到众多优秀将领的拥护呢?就是因为他对待每一位有用之才都关怀备至,即使是尉迟恭、魏征等曾经是对手的,他也一概接受、包容他们,并且礼贤下士,不摆架子。

而三国枭雄曹操更是把这一原则运用到了极致。曹操身经百战,早就在实践中懂得了南风原则的真谛,他深谙安抚之术,对身边的所有将领都像对待亲兄弟一般。

曹操打败袁绍之后,在袁绍处发现了他手下的很多人和袁绍的通信,信中大肆奉承对方,辱骂曹操,甚至还策划了不少刺杀曹操的阴谋。这些人全都属于墙头草,虽然身在曹操这方,却也不忘给自己留条后路,讨好敌方。

曹操身边的人都建议对这批人进行严厉责罚,但是曹操却根本不去翻看写信的是哪些人,直接将这些书信付之一炬。曹操心想:如果追查下去,就会引起很多人的恐慌,让那些原本并不愿与我为敌的人记恨我,成为我的死敌,但是如果我不计前嫌,依然善用他们,他们就会对我更加忠心。

他不仅没有追究责任,还反过来安抚自己的部下:“在袁绍如日中天的时候,我尚且不能自保,何况你们?”这一句话非常具有人情味,体现出他设身处地地为部下着想,真心体谅部下的想法,显现了他宽容的胸襟。

南风法则不仅仅运用在生活中、战场上,在工作中,尤其是人力资源管理中更是具有莫大的作用。

南风法则给人最大的启示就是:要想打动一个人,莫过于以情动人，也就是所谓的“感人心者，莫先乎情”。运用到职场管理中，南风法则就要求管理者多一点人情味，不要只知道批评、苛责下属，要尊重和关心他们，让他们感受到自己受重视。这样，下属就会对你敬畏少一点，尊敬多一点，害怕少一些，感激多一些，更加积极努力地为企业工作，维护企业利益。

但是，目前太多的企业只看重利益，把员工当成工作的机器，制定一个个毫无人情味的严苛的制度，对待员工冷漠、无情，一味地压榨他们，从不主动关心他们。这样的公司是不可能长久的，最后只会付出更加高昂的代价。

陆晨接管家族企业已经有十年的时间了，在刚刚接手公司的时候，他发现员工没有激情，思想僵化，没有积极性，业绩不断下滑。究其原因是父亲治理公司时，太过急功近利，只追求效率，不断压榨员工价值，不停地加班，稍有不顺心的地方就对下属大吼大叫，从不找自己的原因，总是摆老总的架子压人。结果不仅没有增加利润，反而失去了人心，再也弥补不回来了。

陆晨同样也注重公司效益，还对公司进行了一系列的规划，经常带领团队东奔西走，加班加点。但是他更注重员工的想法，在公司里，他有近一半的时间都在与员工一起奋斗，和他们同甘共苦。

陆晨上任后第一件事便是整肃公司风气，把那些无理的、苛刻的制度给废除了，经常和员工进行沟通，不管职位高低，对员工提出的建议，不管是否合理或最终是否同意都会真心表示感谢，每次加班都会主动请员工消夜，每个月举行一次大型聚餐，每三个月组织一次集体旅游，让员工放松心情。

他每天都和员工一起到食堂去吃饭，从不搞特殊，有什么任务需要下达都会亲自去各部门当面传达。真正做到了以人为本，如春风一般对待每一位员工。

就这样，陆晨接手公司不到两年，就让公司重回正轨，并且比原来更加繁荣昌盛。

从心理上来说，没有一个人希望与一个强硬、冷酷的人相处，所以如果你想拥有一个好人缘，在关键时刻一呼百应，让所有人都听你的，就应该像南风那样，磨去一些棱角，用柔性的力量去对待别人。

2. 正向强化：利人利己才是最好的方式

每个人都不喜欢被别人操纵的感觉，可是，很多时候我们不知不觉已经被别人操纵。比如，当孩子取得了好成绩，父母给予奖励，下次孩子就会更加努力；比如，员工被领导夸奖，就会更加认真，工作完成得更好。这时，被操纵的人不仅不会反感，反而会觉得很开心。这就是正向强化。

著名心理学家巴甫洛夫发现，狗狗每次看到食物嘴里都会流口水，分泌出唾液，于是他利用这一现象做了一个十分著名的实验。

巴甫洛夫把一只狗狗拴起来，每次给它喂食之前都会发出一个信号——摇动铃铛。狗狗一开始不明白铃铛声代表什么，看见食物后就自然地流下口水，扑上去进食。但是等到第二次、第三次的时候，狗狗注意到一摇铃铛就会有食物吃，于是便将铃铛声与食物画上了等号。

在反复进行了多次这样的喂食之后，巴普洛夫再次摇响铃铛，却没有给狗狗喂食，然后他发现，尽管狗狗没有看到食物，听到铃铛响后，嘴里还是照样分泌了唾液。

可以保证的是，在进行这项实验之前，狗狗对铃声响是没有任何反应的。于是，巴普洛夫得出了一个结论：狗狗已经把铃声响视作进食的信号，形成了一种条件反射，一听见铃铛声就会流口水。

另一位心理学家斯金纳也曾做过一个类似的实验，他把一只小白鼠放到被挖了一个小洞的箱子中，箱子里放有一个按钮，而箱子上方，洞口旁边放着一小块香郁浓厚的食物。

小白鼠被放进箱子之后，似乎闻到了食物的香气，在箱子里来回乱窜，寻找食物。但是找遍整个箱子后，小白鼠什么也没有找到。这时它发现了那个按钮，试探性地来到按钮旁边，小心翼翼地把按钮按了下去。

这时候，斯金纳把食物从箱子上面丢了下来，小白鼠抱着食物大快朵颐。然后小白鼠被拿了出来，过了一会儿才被重新放回箱子，重复进行刚才的实验。这一次，小白鼠还像上次一样，找了一会儿之后才去按下按钮，但是时间明显比上次要缩短了。

反复多次进行试验之后，斯金纳发现，小白鼠每次按下按钮的时间都在逐渐缩短，到了第五次、第六次之后，小白鼠已经不会再去浪费时间寻找食物，而是直接去按按钮了。即使斯金纳不再在它按钮之后给它食物，它也仍然会去按按钮，这已经成了它的一个习惯。

这两个实验的意义是什么呢？

是为了证明动物包括人的某些行为可以得到强化。

上面的两个实验其实是一种递进关系，巴普洛夫的实验证明狗狗会对某一事物形成刺激，产生反应。而斯金纳的实验则更进一步，证明了小白鼠在形成反应后，会建立行为。

斯金纳认为，动物的学习行为是随着一个起强化作用的刺激而发生的。推广到人的身上同样如此，虽然人的学习行为要比动物更为复杂，但其基本性质是一样的，都需要通过操作性的条件反射。

当人做出一个反应或行为之后，立即给予奖赏或报酬，就能够强化这个反应或行为带来的刺激。

心理学上把这一现象称为“正向强化”，指的是当人或者动物出现一个行为或反应之后给予愉快的欲望刺激，就可以增加该行为发生的频率和效率。

每个人都有希望别人认可和赞赏的心理，基于这种心理，如果你在做了某件事之后被人肯定，得到了奖励，并且表现出希望你继续这样做的意图，那么你不仅不会产生一种被强迫、被操纵的不快和厌烦感，反而会觉得非常开心、愉快。这就是因为正向强化在起作用。

人的一切行为几乎都是操作性强化的结果，所以在生活中，人们可以通过正向强化去改变一个人做事的态度和想法。

比如，学生考试取得了好成绩，老师会对其给予嘉奖，当着同学的面表扬他，那么该生在接下来的日子里就会更加努力，争取下一次考取更好的成绩。

比如，员工在圆满完成业务或者老板交代的任务后，老板就会对员工进行奖励，称赞他的工作，肯定他的努力，那么员工必定会拿出更大热情，更加积极地对待工作。

比如，你给正在追求的心仪的姑娘送上一束鲜花，在天凉的时候提醒她多加一件衣服，对方回应你一个微笑、一句谢谢，你就会更加锲而不舍地追求对方，对她更为关怀备至。

以上这些行为给人带来的是愉快的感觉，是开心的经历，会让人感到满足，有成就感，所以，正向强化运用得当的话，在操纵关系中是非常有效且积极正面的一种方式。如果你想让某个人为你办一件事，听你的话，你就可以对他使用正向强化，夸奖他，鼓励他，关心他，慢慢影响和改变对方的想法，让他在不知不觉中服从于你。

罗生最近刚刚跳槽，他原来在一家国企上班，薪水高、福利好，工作又轻松。而现在跳槽到的这家公司，刚刚成立，规模不大，待遇一般，环境也不够好，还整天累得要死要活的。

很多朋友都弄不懂罗生为什么要这样做，罗生却说："士为知己者死啊！"

原来，这家新公司的老板曾经也在那家国企工作，而且是罗生的前任领导，两年前从公司辞职出来单干。之前在国企时，老板就和罗生相处得不错,他们不像上下级,而是更像朋友。

他每次交给罗生什么业务,不像别人那样敷衍地说上一句:“我看好你,加油!做得好我会考虑给你加薪的。”而是会用行动表示,或是给他发上一笔小奖金,或是请他吃饭,或是让他补休,还不停地夸奖他“干得漂亮”“我就知道你能行”“你又有进步了”等,让罗生心甘情愿地听他指挥,甚至领导要他跳槽过来,罗生也毫不犹豫地答应了,死心塌地为他效命。

这位老板就是一个操纵人心的高手,他熟练地运用正向强化,满足对方的虚荣心和自尊心,让对方以为找到了知音,牢牢操纵着罗生,让他听自己的命令行事。

正向强化是操纵关系里最不让人排斥的一种,也是最能让人死心塌地的一种,不仅能带给对方愉快的心情,也能达到自己的目的,是一件利人利己的事情。而且,正向强化并不是一件很难做到的事情,只要把行为与奖励反复建立联系,就可以培养出操作者的行为模式。

3. 喜好原则:为什么人们总会爱屋及乌

当你知道某个人喜欢或者说欣赏你的时候,你对对方也会抱有莫名的好感,想要为对方做些什么。而当你得知某个人讨厌你的时候,你也会讨厌对方,即使对方什么事情都没有做,更没有针对过你,但你就是看对方不顺眼,觉得对方做什么都是错的。

苏雨一毕业就和大学时谈的男朋友结了婚,年纪轻轻就已经是一个四岁孩子的妈妈了,因为丈夫工作繁忙,所以苏雨自从生完孩子之后,就把工作辞掉,做起了家庭主妇。

孩子四岁之后开始上幼儿园了,为了不让自己的孩子输在起跑线上,苏雨给孩子报了一个钢琴辅导班。为了打发时间,让等待的时候不那么无聊,她自己也请了一位老师,跟着儿子一起学习钢琴。

第一位老师是一位中年女性,戴着一副黑框眼镜,穿着职业装,看上去很严厉。这位老师专业素养非常好,钢琴弹得行云流水,很是了得。但是她的外表看起来很严肃、很严厉的样子。

上第一节课时,老师指出了苏雨一些不规范的地方,语气稍微有些不客气。苏雨心情瞬间低落了,没了上课的心情,对这位老师也喜欢不起来。下课之后,苏雨看到这位老师在跟朋友通电话,隐约听见老师吐槽说:"简直太笨了,气死我了,说多少遍都不改。"苏雨一听这话,便以为说的是自己,心里更不喜欢这位老师了。其实呢,这位老师是在说自己家的孩子。

于是,后来再上课时,苏雨便不给老师一点好脸色,老师明明很认真负责地指正错误,她却认为老师故意挑刺。上课时也不认真学,经常玩手机。苏雨已经为人母,早就是个成年人了,老师也不好意思批评她,便睁一只眼闭一只眼,一直就这样相看两厌地熬到了课程结束。

课程一结束,苏雨就急忙向培训机构提出更换老师,这次教她的是一个年纪跟她差不多、刚毕业没几年的年轻女孩。因为年龄相当,两个人很有共同话题,而且她们都喜欢同一个明星,所以年轻的老师很喜欢苏雨这位学生。

苏雨看得出老师对自己很喜欢,所以她对这位老师也很好,每次上课都会给老师带上一杯润喉的茶,上课时也认真听讲,琴练得也很勤快。

每个人都有像苏雨这样的经历,比如一个你欣赏或者说有好感的人寻求帮助或者提出要求,你总是很爽快地答应,并且尽心尽力地办好。而如果是一个你不喜欢甚至有些讨厌的人向你寻求帮助,你肯定会找各种理由拒绝。所以,在人与人的相处关系中,要么就是双方互相喜欢，要么就是互相讨厌，剃头挑子一头热、热脸贴冷屁股的偶尔有之，绝不可能长久。

这是因为，人人都有一种喜好原则，指的是，当喜欢或者对某个人产生好感后，那么对那个人的行为或者思维都会无条件地认可。是指我们大多数人更容易答应自己认识和喜欢的人所提出的要求，因此也被称为自己人效应。当你喜欢或者对某个人产生好感时，就会对那个人的行为或思想无条件地认同，也就是所谓的爱屋及乌。

喜好原则的典型表现就是明星代言。现在很多商家都会选择名气高、人气旺的明星作为自己产品的代言人，因为这些明星拥有众多的粉丝，受到很多人的喜爱。而那些喜爱明星的粉丝就会把这种对明星的喜欢，转移到明星代言的产品上，只要明星一句话推荐，粉丝便会产生巨大的能量，为相关产品的销售带来巨大利润。或许，商家为请明星花了高昂的广告费，但他们获得的利润会更高，是我们普通人不可想象的。

曾经有心理学家做过一项实验。他们把同样的产品分成两组来进行销售，产品的质量和价格完全一样，唯一的变量是销售人员不同。一组的销售人员是长相出众、身材火辣的美女，另一组是长相一般、身材也一般的普通推销员。

两组推销员同时来到街头做产品促销，实验记录表明，大部分的男性更愿意购买美女推销员推销的产品。

心理学家对购买产品的男性客户进行了访问，询问他们购买产品的原因。男性客户说，他们觉得美女推销员推销的产品看起来更有质感，也比普通推销员推销的产品更新、更时尚、更讨人喜欢。也有很多男性客户诚实地表示，他们购买产品的原因是喜欢漂亮的女推销员，所以才选择她们的产品。

可见喜好原则的重要性不仅仅体现在人际交往中，就连销售中也有很强的存在感。

陈珊是某学校的一位老师，她年龄不大，教学能力也算不上多强，但她所带的班级每次的考试成绩都是最优异的。这是因为，她的人缘是全学校最好的。相信每个步入职场的人都明白这个道理，人际关系的好坏严重影响到工作进度和职场的发展。人缘越好，工作起来就越顺利。

陈珊非常善于和别人打交道，无论是老师还是学生，领导还是同事，年轻的还是年老的，她都能在短时间内赢得对方的好感。所以，陈珊评职称很顺利，奖金也拿得多。

职场如战场，即使在校园这样的净土里，也存在着残酷的竞争。按理说，像陈珊这样优秀的人才，肯定会遭到同事的嫉妒，但事实上并没有，陈珊和每个人相处得都非常好，同事们不仅不嫉妒陈珊的成绩，反而处处帮助她。她偶尔有事请假了，请老师代课，大家都很愿意帮她。他们班的其他副科老师也都比其他班的老师更认真，对学生也负责。每次陈珊在教学上遇到问题，有经验的同事都会传授她简单又快捷的方法，帮助她成长。

一位老师不由得感慨道："陈珊啊，为什么你的人际关系就可以处理得那么好，每个人都那么喜欢你、愿意主动帮你呢？"

陈珊说："因为我也很喜欢他们啊！"

朋友表示不解："难道那么多人你每一个都喜欢吗？他们都那么好吗？这世上就没有让你讨厌的人吗？"

陈珊说："也许有吧，但是我会表现出很喜欢他们的样子，这样他们也会喜欢我。"

可见，陈珊非常懂得利用人们的喜好原则，对每个人都表现出好感，这样一来，大家感受到善意，自然也会喜欢她，同时产生爱屋及乌的感情，当她遇到困难时，所有喜欢她的人都会伸出援助之手。

人，天生就有利己思想，懂得趋利避害，所以便会产生这种心理：你喜欢我，我才会喜欢你，你不喜欢我，我又凭什么喜欢你。

首先，从心理学上来看，一个人喜欢你，就会让你产生愉快、高兴的情绪，所以你想要看到对方，亲近对方，让自己有个好心情。其次，对方对我们的喜欢满足了我们的自尊心，让我们觉得自己受到了尊重。再次，对方的喜欢会加深我们的自信心。每个人都或多或少地缺乏自信，而自信是从别人的评价和判断中得到的，如果对方喜欢你，就证明你是一个优秀的、值得喜欢的人，这种正面的评价无疑会增强我们的信心。最后，对方喜欢我们，会让我们觉得找到了志趣相投的盟友，就愿意更多地分享自己的快乐，也更愿意帮对方解决问题。

人最爱的终究是自己，所以人们也会喜欢与自己相似的人。当有人表现出对我们的欣赏或好感时，我们就会想，对方喜欢我，说明我身上某些方面和对方相似，我的某些想法、行为得到了对方的认同，继而也喜欢上对方。

所以，在人际交往中，喜好原则对于处理人际关系具有重大的影响，能够影响一个人对你的判断和喜恶。如果希望你的人际关系更加融洽，就应该熟练掌握喜好原则，让对方知道你喜欢他，欣赏他，然后赢得对方的喜欢，这样你做起事来就会变得事半功倍。

4. 从众原则:没有人愿意做特立独行者

人们都有一种从众心理，当你举棋不定时，会观察周围人的做法，作为参考，然后用来指导自己的行为。当一个人处于群体中，迫于人多势众的压力，会不由自主地与大多数人的行为保持一致，就是平常说的随大流。

曾经有一位心理学家做过这样一项实验研究:他请若干名志愿者作为实验对象，让他们对比同一张纸上的两条线段，一条是横着的，一条是竖着的，两条线段一样长。

心理学家问所有看过这张纸的人，哪一条线段更长一些。由于视觉误差，竖着的线段看起来更长一点，但是只要用心观察，就能够发现两条线段实际上是一样长的。第一次实验的时候，心理学家单独对每一位实验对象进行询问，结果所有的实验对象都轻松地做出了正确的判断。

之后，心理学家进行了第二次实验。在第二次实验中，他把所有实验对象聚集到一起，同时安排了几个托儿在里面，让他们排在队伍的最前面，并且故意说出同一个错误的答案——竖着的线段更长。

当第一个托儿说出错误答案时，大家都在嘲笑他，认为他实在是太愚蠢了，这么明显的事情都看不出来。接着，第二个、第三个托儿也这么说，此时，志愿者震惊了，难道他们都是傻子吗？还是我们看到的不是同一张图？等到心理学家安排的那几个托儿异口同声地说出错误答案之后，剩下的实验对象迷茫了，他们开始认真思考是不是自己的判断失误了，真的是竖着的比较长吗？否则为什么前面那些人都这么说呢？

于是等到下一个——真正的实验对象看过这张纸后，犹豫了一下，支吾道："我认为，这两条线段是，应该、应该是一样长的。"说完，他好像自己都不敢确信这个答案，当他看到前面那几个托儿都用一种异样的眼光看着自己，立即改口道："不，应该是竖着那根线段更长。"

再下一个实验对象犹豫了一番后，也是不太坚定地选择了竖着的那根线段更长。再后来，所有志愿者都认为竖着的那根线段更长了。

为什么这些参与实验的志愿者纷纷放弃了原来的答案，而选择了错误的答案呢？这是因为他们受到了从众心理的影响。心理学上认为，人们总是会为了适应团体或者群体的要求而改变自己的行为和信念，不由自主地以多数人的意见为准则，做出与大多数人相一致的行为和判断。这种心理就叫作从众心理，也叫从众效应。

大众的行为或思维总是会影响到我们。比如今年流行拼接款的服装，你就会发现满大街都是穿这种服装的人，身边的人也都跑去购买这一款的服装，只有你没有这么做。等到身边所有人都穿着这种款式的服装时，你会怎么做呢？你也会选择购买一款同样的衣服，因为如果你不这么做，就显得很不合群、很突兀，这种被别人注视的异样眼光会促使你变得和大家一样。

比如，大四那年，你本打算毕业之后好好找一份工作，安安心心地生活，可是你身边的同学大多都打算考研、考各种证书，继续深造。你每天生活在这样一群捧着课本的同学中间，你在看电视的时候他们看书，你在吃饭的时候他们还在看书。时间一长，你就会觉得很别扭，好像跟他们不是一个世界的人，然后自然而然地也会考虑自己是不是也应该去读研，尽管你自己都不知道为什么要这么做。

再比如，你现在就站在一个十字路口，对面的红绿灯牌上明显亮着红灯。这时候，路上并没有来往的车辆。然后，有一个行人不顾交通规则，无视红灯，直接走过了马路。接着第二个、第三个人也都跟着穿过了马路。继而所有等红绿灯的行人都选择随大流，从你的身边蜂拥而过，即使你还没有做好决定，脚却自动跟着大众一起穿过马路了。因为你觉得，如果你还独自留在原地不动，大家都会笑你傻，那不如就跟大家一起行动。

外国某电视台曾做过这样一个实验。

他们事先安排了一个人站在某座大楼前抬头向天空上看，好像空中有什么很稀奇的东西一样。当他做出这个动作之后，路过他身边的人发现他的动作，感到好奇，想知道他在看什么，就情不自禁地停下来，也向天空看去。

于是，有了第一个人，就有第二个人、第三个人，越来越多的路人停在他的身边，和他一样抬头望向天空。最初的人或许还明白自己为什么要这样做，是为了看看对面的楼上有什么东西。可是后来的人却根本不知道发生了什么事、为什么要这样做，他们只是看到很多人都这样做，一定有什么特别的原因，便盲目地跟着做。

就像我们平常购物一样，你会发现，越畅销的东西买的人就越多。因为每一个人都觉得其他人都在买这个产品，那么这个产品一定有其独特的地方，肯定质量好、价格便宜，所以他们也会去购买。

人为什么会有这样的心理呢？

因为谁也不想被孤立，没有人喜欢做特立独行的人。试想一下，当除了你以外的所有人都在做同样一件事情，而你却纹丝不动，又或者所有人都说应该那样做，而你偏说要这样做，可能周围的人会觉得你奇怪，对你产生反感，孤立你。所以说，在一个大环境中，如果有一个人做出了与众不同的行为，或说出了一些不同的见解，往往就会被大家孤立，受到抨击，甚至会受到惩罚。

还有，当我们必须做出某个选择而心里还没有主意时，就会观察周围人的做法，如果大部分人都做出了相同的选择，我们就会认为这个选择肯定是正确的，这就是无法避免的从众心理。

从众心理的利弊很难评定，因为跟着大众去做事，可能会减少我们犯错误的概率，大家的经历会给我们参照和指导，让我们做得更快捷、更顺利，为我们的思考和行动提供一条捷径，让我们少走弯路。但我们不能说这种从众心理就一定是对的，有时跟随大众的脚步，也很容易让我们受到误导，做出对自己无益的选择。比如大众舆论，原本完全没有根据的话，一传十，十传百，百传千，越传越邪乎，最终把凭空捏造的事情变成了事实，伤害了一个无辜的人。

所以，即便在群体中，我们也要尽量保持冷静，坚持自己，不要人云亦云，受到别人的影响。别人的选择可以借鉴，但是不能作为准则，我们心中要有一把尺子，这样才能避免自己成为一个随波逐流、没有主见的人。

5. 权威原则:领袖的作用不可替代

权威,看到这个词,会想到什么呢?专业、服从、一切行动听指挥。是的,当我们看到新闻、广告中,一听到“某某研究所权威专家”说了什么,一看到穿着职业正装的“某某证券首席经济学家”,就会失去独立思考的能力,做出服从权威的命令。

前几天,我和一个做幼教老师的朋友相约吃饭,因为下午不太忙,我就提前开车到幼儿园去等那位朋友。

到了幼儿园之后,离放学还有二十分钟左右的时间,园区里都是小朋友活动、做游戏的身影,这里一群,那里一群的,各成一团。

反正闲着也是闲着,我就坐在车里观察这些小朋友。在滑梯一边围着有五六个孩子,但是滑梯却只有两个,本来大家很有秩序地一个一个排队上去玩,这时,一个小男孩跑过来,坏了规矩,插了队。只见他一把推开排在前面准备登上滑梯的小姑娘,自己抢先上了滑梯,也不管身后的小姑娘被他推倒在地哭起来。

这时候,本来在旁边玩的一群小朋友,其中站出来一个个子最高的男孩,一看就是这支小队伍的头头儿、幼儿园里的孩子王。他碰了碰旁边一个小伙伴,用手指着,示意他过去拦下那个推人的小男孩。对方看到他的手势后,径直走到滑梯下面把那个推人的小男孩给堵住了。然后高个的小男孩子给身边几个小伙伴递了个眼神,大家心领神会,围过来把推人的小男孩一顿揍。

当然,小孩子之间的嬉闹当不得真,也没人下重手,只是要教训一下那个不懂事的小孩子而已,很快就被老师给拉开了。估计孩子间这种吵吵闹闹的事太稀松平常了,老师们都懒得批评。

而我却看得津津有味,因为这让我想起了心理学中的“权威原则”。人都是群居动物,经常出现群体行为,谁也不愿意被孤立,从小到大,不论是在生活的小区里,还是在班级里,抑或是长大工作后在公司里,总会有自己的交际圈,而在这个交际圈里,都会有一个权威人物。

这一点连孩子都明白,他们自发形成各自的小圈子,每天玩什么游戏、和谁玩、不和谁玩都是说好的。那这些都是谁规定的呢?不可能大家的意见总是那么统一吧?当然不可能,这一切都是听从于圈子中的“孩子王”。

就像上面我讲到的那一幕,一个小男孩插队、推人确实不对,但也没必要动手打人。而且那几个孩子也不是一开始就要动手的,是那个看起来最有权威性、领导性的高个孩子下了命令他们才会这样做的。那么,他们为什么这么听那个孩子的话呢?这就是因为权威原则在作怪了。

如果一个人的地位很高,做过一些很有说服力的事情,非常有威信、受人敬重的话,那么他的话语和行为总会令人们特别信服,觉得他做的每一个决定都有道理,说的每一句话都是正确的,对他唯命是从。

就比如我们常看到武侠小说里正派与魔教相争的话,正派一定得推举出一位威望很高的武林盟主来统领大家。假如各成一派、各自为政的话就会秩序混乱,不知如何行动,我不听你的,你也不听我的,谁也不服谁。而一旦选出武林盟主之后,众派就都和谐了,原本谁也不服气的人也会听从武林盟主的指挥。

这是因为所有人都认为大家共同选举出来的人一定有真才实学,也一定是最有威信,并能够主持大局的人。而且他们会想,除了自己之外的人都会听从武林盟主的命令,如果自己不听从的话,就会被排挤、被孤立,便也会跟随大家伙一起听从武林盟主的指令。这就是权威原则。

权威原则可以让大家更省心省力，不用去思考复杂、难解的问题，比如在工作中，一些能力不太出众的员工遇到问题后一切听从领导的指示，只负责执行，这样就不会出错，还更加节省时间。

但是，这个原则也存在一定的弊端，有时会让大家变得盲从。

2014 年，中国曾经莫名地刮起过一股抢购食盐的风潮。当时日本遭遇海啸，核电站泄漏，很多不良商家便借着这个机会放出谣言说，盐都是由海水晒干后加工而成的，中国与日本比邻而居，因为日本核电站泄漏，大量辐射会深入海底，以后的盐都没办法食用了，应该赶快囤积一些食盐在家中。

李孟正在读大学，他的父母听到这个消息之后，急忙要去超市买盐，被李孟及时拦住了。他用科学知识告诉父母，这根本就是没有根据的谣言，让他们不用慌张。父母听了之后还是没弄明白咋回事，虽然暂时没有行动，但是总觉得不太放心。

李孟跟父母说完之后就去学校上课了。结果，放学回到家，发现家里多了一大箱食盐，一看就知道父母没有听他的话还是去抢购了。

他又可气又想笑，无奈地问父母怎么回事。爸爸告诉他："本来听了你的话，不打算再去买的，后来我看隔壁的冯爷爷到超市抢购去了，邻居一看连冯爷爷都去买了，便一窝蜂都跟着去了。我跟你妈觉得跟着冯爷爷走准没错。"

李孟爸爸口中说的这个冯爷爷是社区的居委会主任，还是人民教师，儿子是副市级干部，算是这个小区里最有权威、地位最高的人了。他为人正直，热心善良，经常帮邻居的忙，深受大家的敬重。平时组织一些活动啊什么的都是一呼百应，很有威信。

所以，本来打算放弃购买食盐的孟爸孟妈一看连这位都去购买了，就连忙跟上去了。

李孟简直是哭笑不得，他也很敬重热心肠又有正义感的冯爷爷，但冯爷爷根本不明白食盐是怎么生产的，日本核泄漏也根本影响不到中国食盐。平时,李孟听到冯爷爷的很多说法都是错误的,只是觉得冯爷爷是个受所有邻居尊敬的老人,而自己是晚辈,不好直言相告。这次肯定是冯爷爷听了别人的谣言,受到蛊惑了。结果倒好,害得整个小区的人都跟着他去抢购食盐了。后来,谣言破除,购买了大量食盐的邻居,看着够吃十来年的盐可犯了愁。

这个案例就体现出权威原则的缺陷了。

之所以会形成权威原则,是因为社会等级制度形成的强大心理压力,习惯了服从和被命令,抑制了人的天性。当人们遇到难题,不知该如何抉择的时候,就会跟着权威者走,一旦出现问题,就会说“那都是他的错,是他说应该这样做的”,从而减轻自己的责任。这在职场中非常常见,很多员工一旦工作上出了问题,就会说:“这是领导同意的,是他让我这样做的。”

权威,不一定代表正确,这是两个完全不同的概念,如果盲目服从权威、相信权威,就会做出错误的抉择。所以,我们应该冷静、客观地看待所谓权威人士的言行,不能对其言听计从,要思考其言行的可行性和正确性。

第十一章　破解防御机制，洞穿人性弱点

1. 防御机制：如何利用情绪保护自己

当人们遇到困难、挫折或者面对某些无能为力的突发事件时，会产生紧张、焦虑、压抑的情绪。为了避免自己陷入这些负面情绪之中无法解脱，人们会自动产生一种自我保护机制，将这种情绪发泄出来。

明城的父母感情一直不好，动不动就吵架，有时候还会动手，他自小就生活得战战兢兢、如履薄冰。有一次，明城在睡梦中被父母的争吵声吵醒了，他起身，悄悄走到父母的房间外，透过未关严的门缝看到爸爸在殴打妈妈。他永远也不能忘记当时爸爸狰狞的表情、粗暴的拳头和妈妈不断哭泣求饶的样子。

明城非常害怕，也非常难过，那个画面给他造成了严重的心理阴影，再也不愿意回忆那个场景。

第二天，妈妈便告诉明城，她要跟爸爸离婚，但是明城的爸爸怎么也不肯离婚，明城的妈妈只好走法律程序起诉他。外婆来家里接走明城和妈妈时，问他有没有看到爸爸打妈妈。明城却说没有。

明城为什么要撒谎呢？或许明城并没有撒谎，可能真的不记得这件事情了。有人可能会问，这样的事情说忘就能忘吗？当然没有那么容易，只不过，那恐怖的一幕让明城难以接受，总是陷入恐慌和

焦虑中。他潜意识里不愿相信也不愿记起自己看到的场景，于是就将这个记忆压制于意识之外了。

不要觉得这是无稽之谈，事实上，明城这种情况是人的一种正常的精神防御机制。

何谓防御机制？一般来说，在人们遇到困难或者遭遇意外的时候，会产生一些负面情绪，比如烦恼、焦虑、恐慌等，这些情绪即使被人为地压制下去，仍旧会让人感到不安。为了避免这种焦躁不安的情绪积累过多，人们就会寻找一种方法把这种情绪发泄出去。简单来说，就是采用一种回避困难、险境的方式解除烦恼，以维护心灵平静。

防御机制最早由心理学家弗洛伊德指出，他认为这是一种借支持自尊、自我美化、提高价值来保护自己免受伤害的心理。从它的作用和性质来看，可分为积极的防御机制和消极的防御机制两种。

积极的防御机制表现出来的反应就是正视困难，承认挫折，迎难而上。产生积极防御机制的人能够客观、正确地分析自己失败的原因，不给自己找理由，而是总结经验，以积极的想法和方式战胜挫折，简单来说就是变挫折为动力。主要表现为以下几方面。

（1）表同

当一个人遭遇困难、面临失败时，把自己比拟为某一有过同样失败经历的成功者，效仿对方的品质和思想，借鉴对方的经验和方法，进行自我激励与自我暗示，减轻挫折带来的痛苦，增强自信心。就像我们平时常说的“失败乃成功之母”。

（2）升华

升华是唯一称得上成功的防御机制，也是最积极的防御机制。升华是将无意识冲动转化为社会接受行为的渠道，当人在遭受挫折后，不仅会产生焦虑也会产生愤怒，想找方法发泄出来，可有些攻击性的行为是不被社会认可、会让自己陷入不好的境地的。所以人会将这种不为社会认可的想法或行为转移到有益的活动中去。

比如西汉史学家司马迁因替李陵败降之事辩解而受宫刑，下了大狱。他后来并没有以牙还牙，因为他知道那样做只会让自己更受伤，可他又实在心有愤懑，于是就把自己的全部精力及注意力转移到创作上去，在狱中写下了千古绝唱——《史记》。

再比如，有一个人总是很想对别人做出攻击性的行为，他明白这一行为对自己有百害而无一利，但是又克制不住自己内心的欲望，于是选择去当拳击手。在拳击这种激烈的运动中允许攻击性的行为，还会被喜欢他的粉丝奉为英雄，升华了他的动机。

(3)补偿

补偿与升华有些类似，当人在遇到挫折和困难时，采取其他行为，以新的目标代替原来的目标，用其他方面的成功补偿原来的失败，增强自尊与自信。也就是人们常说的“失之东隅，收之桑榆”。比如说，有人在语文方面没有天赋，怎么努力都无法提高成绩，干脆就放弃语文，在擅长的数学上多下功夫，取得好成绩。

而消极的防御机制则会让人在遇到困难和挫折时选择回避，选择遗忘，或是把过失归咎于他人，自欺欺人地减轻内心的痛苦。

防御机制也不仅仅只出现在遇到困难的时候，日常生活中也会频繁出现。人在一生中，总会面临很多不确定的因素、不确定的环境，甚至不确定的未来。这些不确定难免会给人带来很多负面情绪，为了缓解内心的焦虑和恐惧，人们会下意识地去寻找一种更好的安慰或解释来获取安全感，这也就构筑了一种心理防御机制。

比如当你有一样使用了很长时间的东西，忽然坏掉了或者不小心弄丢了，你会习惯性地说“旧的不去，新的不来”；当你外出一趟回来后发现钱少了，你会说“破财免灾”；当小孩子吃饭的时候不小心摔碎了碗碟，大人就会说“落地开花，岁岁平安”。诸如这类话，就是一种抵消晦气和不吉利、缓解焦躁情绪、寻求安慰的防御机制。

防御机制并不是人为的，或者说它并不是人刻意去使用的，而是为了恢复心理的平衡、稳定，不自觉、无意识产生的，是保护自己时的自然反应。所以，我们在出丑或失败以后自我安慰，让自己忘记这件事情的做法并不是防御机制，因为那是有意识的努力，并不是无意识的行为，真正的防御机制是无意识下进行的。

可见，我们可以通过防御机制来判断一个人的心理，有些人对你说的话不一定全都是真实的，有可能是经过修饰的，很难分辨真假。而防御机制下做出的反应则是最真实、最自然的反应，最能体现一个人的心理。所以，了解并能熟练掌握防御机制，对判断他人的行为，了解他人的心理有着很大的作用，能够让你在与他人的交往沟通中更顺畅、和谐。

2. 攻击机制：暴力宣泄者的选择

当人们心情焦虑暴躁时，最直接的排解方法是暴力宣泄。这种宣泄方式被称为攻击机制。比如，我们在工作中不小心造成了无法挽回的损失，在感情上被最亲近的人欺骗，却又不好去责怪别人，心中郁闷不已，无人诉说，就可能采用攻击机制发泄情绪。

对我们来说，最快乐的事情就是自己内心的想法实现或者愿望达成，一旦没有想象中或预期中的那么完满，心里就可能产生焦虑、失望的情绪。当这些负面情绪产生时，我们想要宣泄愤懑，又不知如何解决时，就会对阻碍自己达成愿望的人、事、物施加直接的暴力，比如语言暴力、冷暴力等。这种暴力解决焦虑的宣泄方式就是攻击机制的本质。

每个人都认为自己是非暴力者，不会失控，但是这种攻击机制的现象几乎每天都发现在我们身边。

张浩是某公司的一位销售经理，他很敬业，对自己团队的成员要求也很高，业绩一直还不错。最近，不知为什么，张浩的销售团队业绩逐渐下滑，为了查找原因，今天早上一上班，张浩就召集了部门全体员工开会。

会上，张浩严肃地说，他对上一季度的销售额非常不满意，并对几个组长提出严厉批评："连续两个月的销售业绩下滑，你们小组最近都在干什么！用没有用心做业绩！"

几个组长被批评了，都很惭愧，低着头不敢直视张浩的眼睛，而且，大家在做销售报告的过程中，互相推诿，谁都不想主动承担责任，这让张浩更生气了。因为在他心中，所有成员都非常努力，长期以来的业绩也是有目共睹的，但是连续两个月的业绩下滑，隐隐有被其他销售团队超越的势头，这让张浩感觉非常烦躁，加上在开会时，各组长表现出消极态度，没有一个人拿出有力的销售计划，张浩在感到愤怒的同时更加失望，他决定杀鸡儆猴，以儆效尤。

张浩环视了会议桌一圈，发现没有人站出来表态，会议陷入僵持。无奈之下，张浩对自己一直非常信赖的王组长忽然提出了针对性的批评，言语激烈，并严厉表明，如果下一季度的销售业绩不能提高百分之五的话，就请王组长自动辞职。

会议结束后，大家非常同情王组长，即使内心有点沾沾自喜，但也怕下一季度的业绩下滑，经理会更加生气，处罚手段更加残酷。于是大家在散会之后，纷纷开始了努力工作，业绩一点一点地提升上来。可是，被批评的王组长，却不这样想，他觉得自己的面子受到了极大的羞辱，一想起大家看向自己充满同情的目光，以及背地里议论纷纷的声音，王组长越发感到难堪和愤怒。公司内部的流言蜚语、受挫的自尊心，让他越来越不平衡，认为张浩就是针对自己的。终于，王组长再也不想忍了，开始与张浩唱反调，不仅私下跟同事爆张浩的狠料、抹黑张浩的人品，在公司会议上，他还公开与张浩作对。

由于王组长与张浩不仅是多年的工作搭档，更是多年的好友，于是王组长在公司散布了很多对张浩不利的言论后，大家信以为真。这种行为彻底摧毁了两人多年的情谊，也给张浩在公司的声誉及形象造成了难以弥补的影响。

王组长的攻击机制就是典型的语言暴力，他的业绩不是团队中最差的，与张浩一直以来也没有恩怨，对经理的决定他也没有表示反对，却无缘无故受到一顿羞辱。身为张经理的得力助手，王组长在公司一直深受大家尊敬和羡慕，每天都有人上赶着追捧和奉承，他也极力维持着在大家面前的美好形象。可张浩在众目睽睽之下，让他从云端跌落谷底，破坏了他维护尊严的愿望，于是就出现了令人遗憾的结果。

人们因为期望无法达成而产生焦虑、暴躁等情绪，下意识地采用暴力等方式，对阻碍自己的人、事、物进行破坏、攻击，从而发泄内心的冲动和焦虑，以此来平衡自己的情绪，这就是攻击机制。现如今，生活节奏越来越快，人们的脾气也越来越暴躁，小到买东西的口角纷争，大到家庭暴力，在面对矛盾的时候，人们的处理方式也越来越暴力，有时候，甚至会因为自己内心的愤怒，做出违法犯罪的事情。

攻击机制中的攻击对象都是有针对性的，通常是指那些会对人们的愿望造成阻碍的人、事、物；同时，攻击对象也具有随意性。因此在面对负面情绪时，人们选择的攻击方式也很多，比如暴力的殴打、破坏，或者是诋毁、造谣等。

有时候，攻击机制可能会主宰人们的情绪，降低人们的道德感，即使是他自己犯的错误，恼羞成怒之下，便将焦虑情绪直接转化为武器，主动攻击别人，即使他们本身没有恶意，只是受到攻击机制的影响，但是仍然会对身边的人造成伤害。所以在遇到不顺心的事情，想要宣泄自己内心的焦虑时，一定要懂得克制，不要被冲动情绪控制，做出让自己后悔莫及的事情。

3. 嫉妒机制：嫉妒让我们心怀怨恨

我们在生活中，看到比我们幸运的人，会产生羡慕的心情，一旦放任这种情绪，慢慢就会产生嫉妒、排斥、冷漠，或者敌视、报复等不愉快的心理状态。别人天生的好身材、美貌、天赋智慧，以及后天的荣誉、地位、成就、财富等，都可能成为我们嫉妒的对象。别不承认，我们每个人多多少少都存在这样的心理，只是有的人可以转化为动力，有的人却更加自卑、失望。

赵杨和常越明从大学时就是非常要好的朋友，他们学习成绩都很优秀，而且两个人志趣相投，特别聊得来。大学毕业之后，赵杨和常越明又进入了同一家公司实习，成了人人羡慕的知己同事。

两个人虽然是多年的好朋友，可性格大有不同。赵杨开朗大方，热情仗义，人又聪明，很快就在公司里混开了，结识了很多新同事，大家也都喜欢他。而常越明呢，沉默稳重，不善言谈，但平时为人还挺和气的，一般不与人故意为难。

过了一段时间，常越明逐渐感觉到，赵杨的友谊不再属于他一个人了，而是对每一位同事都很好，中午吃饭时，他们有说有笑，常越明根本插不进嘴去；下班后，赵杨跟同事一路走一路聊，却没发现常越明一个人落在后面。

偶然的一天，常越明听到同事在议论他们，话里话外都是夸奖赵杨的意思。不久，公司作为实习生做工作总结时，还特别表扬了赵杨。

常越明心里更不是滋味了。

实习生里有个女孩子，也跟赵杨和常越明是同一所大学的，只是不同专业，进公司之后才认识。常越明早就对这个师妹产生了好感，只是一直没有表白。没想到，有一天他忽然发现师妹竟然跟赵杨走在了一起。原来，赵杨也喜欢了这个师妹，并勇敢表白，两人顺利牵手了。

常越明很失望，心里也很妒忌。他没有放弃，私下多次约师妹出去玩，都没有结果，而且，师妹明确表示，她喜欢的是赵杨，绝对不会接受与常越明单独约会。

一连串的失望、打击，让常越明越发愤怒，嫉妒的火焰越烧越旺。他彻底与赵杨翻脸，四处散播好朋友的谣言，恶语中伤，给赵杨的声誉造成巨大影响。之后，他又威胁师妹，如果不答应做自己的女朋友，就毁了她和赵杨。师妹果断拒绝，转身就走了，根本没把他当回事。

常越明越想越气愤，心理无法平衡，于是，这天晚上，趁赵杨睡着之后，他用刀将自己的好朋友扎伤，最终造成无法挽回的结果。

从案例来看，常越明由于自己内心对赵杨的嫉妒，断送了两人的友谊，也断送了他自己的前途。这是典型的由于嫉妒机制而产生的一种情绪表现。

嫉妒机制和攻击机制有很多相像的地方，它们都是通过破坏、伤害身边的人、事、物，表达内心的焦虑、愤懑之情。但是两者之间也存在着明显的区别：攻击机制一般是由于自己内心的愿望无法实现，从而对阻碍自己的人、事、物进行攻击，以此来化解负面情绪，而嫉妒机制往往是由于自己心理的落差，从而产生了焦虑等情绪。

自己想要得到的东西却得不到，也不能让其他人得到。如果是别人拥有的东西，那么自己也一定要拥有，这就是典型的嫉妒情绪。

春秋时期，楚怀王熊槐有一位宠姬，名叫郑袖。郑袖貌美如花，极得楚怀王喜爱。但楚怀王身边有的是漂亮女子和宠姬爱妾，郑袖再美，时间一长，楚怀王也慢慢冷淡了。

正在这时，魏国向楚怀王进献了一位美人，这位美人长得比郑袖还要漂亮，于是楚怀王非常开心，从此偏爱魏美人，彻底忽视了郑袖。

郑袖又失落又嫉妒，发誓要夺回楚怀王的宠爱。郑袖长得美，人也非常聪明。她一面亲近魏美人，奉承她，多次将自己珍爱的饰品珠宝送给魏美人，还经常陪魏美人聊天散心。另一面，她又暗地里陷害魏美人，假装无意地告诉魏美人：“王非常宠爱你，姐姐替你高兴。不过，虽然你是魏国第一美人，只是美中不足，鼻子不太完美。你见了王，要把鼻子掩住，这样王就看不见你的鼻子，就会一直宠爱你了。”

魏美人听后果然照做，每次见了楚怀王，都要掩住鼻子。一开始，楚怀王并没有觉得异样，可是时间久了，楚怀王不禁有些疑惑，于是就问郑袖："为什么每次见了我，魏美人都要把鼻子掩上?"郑袖故意装出一副欲言又止的模样，楚怀王好奇心更盛，硬要郑袖说出实情，郑袖只好装作好心地回答道："魏美人说王的身上有一股难闻的气味，所以每次见了王，就要把鼻子捂上。"

楚怀王听后大怒，即刻命心腹去把魏美人关起来，并且下令将魏美人的鼻子割掉，赶出宫去。郑袖的诡计终于得逞。

郑袖的手段可以说非常狠毒，但是归根究底，郑袖之所以这样陷害魏美人，就是源于嫉妒心理。嫉妒心，人人都有，只不过有的不明显，有的很明显。对于那些比自己优秀、比自己成功的，或者比自己漂亮的人，我们难免产生嫉妒心理。这种嫉妒心理过于强烈时，往往会促使人们产生破坏、陷害、怨恨等情绪，然后通过伤害别人、贬低别人，从而让自己心里得以平衡。

可是，需要提醒大家的是，嫉妒是一把双刃剑，要是控制不好，可能伤害了别人，也伤害了自己。当我们嫉妒别人的时候，不如看看自己身边的幸福，或许你正过着很多人都很羡慕、想得都得不到的生活。

4. 过失机制：失控的人性很可怕

过失机制，字面上看不好理解，说通俗一点，就是由于生理或心理的原因引起的过失。比如，说错或听错了话、写错了字、读错了词语等，感受到的与表达出来的产生了误差。再比如，忽然想不起一个熟悉的人名，或者由于注意力不集中说出了不当言论等。

有这样一个故事。潮州有一对好朋友,他们的名字分别叫作赵三和周生,前段时间,两个人约好要一起去南京做生意。

按约定的时间,赵三早早起床,提前来到小河边,把撑渡船的船主叫醒之后,就赶紧上了船,准备渡河。由于起得太早,赵三到了船舱之后,就开始闭眼养神,准备到南京之后大展身手。但没有真的入睡。而那位船主,在赵三上船时就发现他携带了一大包盘缠,肯定有不少银两。当他看到赵三躺在床上睡着了,就起了贪念,举刀杀死了赵三,然后将尸体扔进了河里,把赵三的银两揣了起来。

随后,周生也来到河边,想等赵三一起渡船去南京,但是左等右等,也没见赵三的身影。周生非常着急,就去询问撑渡的船主,有没有看到赵三来河边。船主撒谎说,没见过赵三。没办法,周生便请这位船主去赵三家里询问一声。

船主来到赵三家,便敲门喊道:“赵三娘子开开门,赵三在家吗?”

赵三娘子打开门,告诉船主,赵三一大早就出门去了,说是乘船去南京,这会儿估计早就上船了。

船主回到河边,把赵三娘子的话告诉了周生。周生觉得不对劲,就叫船长,又找到赵三娘子一起寻找,最后还是毫无踪迹。一个大活人忽然失踪了,那可不得了,于是三人一起来到官府报告了赵三失踪的事情,希望官府帮忙寻找。

县府开始着手调查些事,他们了解到前两天赵三娘子和赵三有过争吵,怀疑是赵三娘子暗地里谋杀亲夫,赵三娘子不承认,而且官府也没有证据,只好把这件案子上报给刑部。

大理寺一位姓杨的评事仔细了解事情的经过,又研究过卷宗,很快就发现了真相。他把三个报案人一起招来,断案道:“杀死赵三的人是船主,而不是赵三娘子。”

船主不承认,反问他们有什么证据能够证明是他杀了赵三。杨评事道:“你在敲门时首先叫的是赵三娘子,而不是赵三,这说明你已经知道了赵三并不在家,所以才会直接叫赵三娘子。”

船主无从辩驳，只好承认自己见财起意、杀人弃尸的事实。

众人听了，无不称赞杨评事见微知著，心细如发。

在别人看来，船主不过是因为一点点小失误，不小心露出了马脚。事实上，这并不是小小的失误。船主之所以敲门时会那样问，完全是因为他分明知道自己杀死了赵三，赵三不可能在家，才会显露出最自然的心理状态。他一边努力掩盖杀死赵三的事实，一边在潜意识里又告诉自己赵三已死，所以才会不小心露了馅。

这种因理性而产生的“疏忽”，也是人们在焦虑不安的情况下，一种突破理智的表现形式，在心理学上，被称为过失机制。当人们意识到心理失衡，会自动运用理性机制压抑焦虑情绪，如果抑制失败或者出现偏差的话，就可能出现过失行为。比如，A 特别畏惧、厌恶 B，A 反倒对 B 笑脸相迎，表现得十分恭敬、友善，其实那不过是一种反态行为。如果抑制成功了，就会出现一种反态行为。比如，你根本不想去赴一次不愉快的约会，因而在约会过期之后，才突然想起这件事，则是一种过失行为。

我们再讲一个故事。一次，张作霖应邀参加一场名流聚会，在场的，有很多中国名人，还有部分日本人。这些日本人一面畏惧张作霖，一面又痛恨他，于是就想让张作霖在宴会上出丑。日本人知道张作霖平时不擅文墨，没什么文化，就故意热情地邀请张作霖写一幅字送给他们。

张作霖心里明白日本人故意想要他出丑，但是面对在场的名流与贵客，也只能“明知山有虎，偏向虎山行”，一脚踏进日本人的陷阱里。张作霖走到书桌前，拿起毛笔，蘸饱墨汁，在白纸上写上了一个大大的“虎”字，还故作镇定地欣赏审视了一番，最后在末尾写了落款，盖上朱印。

这时，他身边的秘书忽然发现了一个很大的漏洞，落款处原本应该写“张作霖手墨”，却一不小心写成了“张作霖手黑”。于是秘书赶紧提醒张作霖。

张作霖发现了自己的过失很慌张，但是他很快镇定下来，对着宴会厅中的众人道："我当然知道'墨'字下面有个'土'，但这字是日本人要求的，那就寸土不让！"

众人听了之后，没有一个人在意他的过失，反而为他的深明大义鼓起了掌。

张作霖利用理性改变了原本尴尬的局面，这种行为就是典型的反态行为。

过失机制通常以口误、笔误等形式表现出来，人们出现过失行为是因为自己内心产生了焦虑等负面情绪，理性上想要对此做出压制行为，使自己保持心理稳定状态，但是感性上却由于内心的焦虑、不安，从而露出马脚。

经常发生过失机制现象的人，通常是由于内心压抑的事情太多，或者注意力不集中，潜意识经常与理性发生冲突，而自己的理性却不能很好地压制潜意识，因而做出很多过失行为。这种行为也表明，这类人比其他人更容易逃避现实，发生的过失行为往往也是他们内心真实的想法和心理。

5. 白日梦：我们都需要一个心灵的修炼道场

地铁、车站、机场，无数人都在为生活为理想不停奔波，每天忙忙碌碌，脚步匆匆。我们永远面对世界，却忘记看看自己的内心。如果你也因生存而焦虑，因压力而抓狂，因失恋而伤痛，不妨逃开残酷的现实，做一会儿白日梦——想想过去美好的时光，想想未知的欢喜与希望，然后，揣起梦想，继续前行吧。

白日梦指的是人们在清醒的状态下，内心产生的幻想及影像。这种"梦"必定是开心的、成功的，能够满足自己的野心和期望的。

关于白日梦的种类，心理学家并没有确定的答案。不过，一般认为，白日梦可能是对未来的计划或期许，也可能是对过去的追忆，如同梦中美好的画面，给人以美好美妙的感受。

当人们发白日梦时，通常涉及一连串的思考，使人们暂时脱离现实环境，完全陷入内心的幻想。这种状态在旁观者看起来就像呆呆地眺望远方，没有焦点。想要在这种时候叫醒“沉睡者”，必须对他们进行突然刺激才能令发白日梦者回到现实。

盛晔是一个爱学习的好学生，虽然性格有点内向，不爱说话，但在老师眼中，他是个乖孩子。虽然盛晔很努力，但学习成绩很一般，每次老师看着他试卷上的分数，想要批评他时，总会无奈地叹一口气。这让盛晔非常难受，不知道该怎么办才好。

盛晔做梦都想要提高学习成绩，让所有人都崇拜他、羡慕他，让老师喜欢他、表扬他。就这样，在自己强烈的心理暗示下，盛晔开始每天做着“白日梦”，想象自己有一天成绩变成全校第一，那时，父母、老师和同学的目光该会多么的震惊。

我们也经常像盛晔一样，当内心的愿望无法达成，或者被外界的压力压得喘不过气时，为了调节心理平衡感，这些扰乱自己的负面情绪和压力就会受到本能欲望的召唤，以一种脱离现实的方式发泄出来，这就是我们常说的白日梦。

每个人都做过白日梦，但是很少有人会主动去了解。实际上，白日梦是也是防御机制的一种。当一个人遇到挫折或难以解决的问题时，意识想要脱离实际，在幻想中为自己构造一个完美的生活，把自己放到想象的世界中，企图用虚幻的梦来逃避现实，应对挫折，平衡心理，获得满足。

白日梦不仅是梦，还是一些持续的不切实际的幻想。它是人的本能的休息和放松机制。也就是说，白日梦是健康的、安全的，出于对美好事物的向往，不必担心，也不必有意压制。

心理学家弗洛伊德曾经说过：“所谓的艺术创作，实际上就是白日梦行为。”这句话的意思是说：无论是画家画出的画，还是歌唱家谱写的曲，抑或是作家写出的文章等，都是一种自我梦想的实现，只不过他们将自己的白日梦展现在了画纸上、歌词上、小说里，为他人所见。

喜欢做白日梦的人往往超越现实，想要打破时间和空间的界限，以一种幻想的形式来满足自我的某些需要。很多超越现实、跨越未来的影视作品说白了就是一场场白日梦的展现。比如《蜘蛛侠》《美国队长》等，在这些影视作品中，主角往往拥有别人无法企及的超能力，即使他们性格千差万别，但是有一个共同点，那就是他们站在普通人难以企及的高度，并且都有着严肃正常的“三观”，做一些绝对合乎道德规范的行为。

这些角色的诞生就是电影人的白日梦，也是我们普通人的白日梦。因为普通人缺乏抗拒现实的力量，但是又渴望能够改变世界，所以在内心产生焦虑感的同时，为了释放自己的焦虑感，进入一个虚幻的世界里，创造无数虚幻的角色，想象那些超能力者就是自己的化身。源于这样的心理现象，当人们看到那些能力超凡，拯救世界、拯救人类的梦幻英雄角色时，才会引起共鸣，才会喜爱。在看电影的同时，在心里可能还会忍不住做做白日梦，幻想一下，如果自己是那个主角该多好。

有时，白日梦甚至可以帮助人们追求自己的目标。若是将白日梦变成一种有意义的理想，走出逃避现实的心理，那也可成就一番意想不到的事业。

比如，从事艺术类工作的人，必须做白日梦，想象力丰富，才可能创造出无与伦比的作品。就像童话，其核心就是幻想，没有幻想，就没有童话。我们为什么那么喜欢听童话看童话，就是因为我们对诗意生活及纯美情感充满热爱和憧憬。写童话的人，借用幻想手段为我们营造一个个白日梦，寄托自己的情感和理想，表达对真、假、善、恶、美、丑的审美评价；看童话的人，在一个个童话故事中，寻找自己的白日梦，寻找真、善、美，辨别假、恶、丑。

生活已经很不容易了，何必那么现实？偶尔放松身心，做做白日梦,给自己设计一个梦幻般的未来,管它能不能成真,何妨揣上梦想再上路,万一哪天实现了呢?

6. 投射机制:讽刺别人,却总看见自己的影子

我们常说“推己及人”,意思是用自己的心意推想别人的心意。一个人心地善良,会认为别人也是善良的;一个人心怀不轨,会认为别人也心怀不轨。再有,当我们对别人有某种情感时,觉得别人对我们也有同样的情感。这就是投射机制。

清代著名学者俞樾所著的《俞园杂纂》中曾经记录了这样一则故事。

一位京城的大官被调到外地去上任,临行之前,专门去拜访了自己的老师。

老师见到自己的得意门生非常高兴,叮嘱他要好好做事,报效朝廷,然后又问他:“对于此次外调,你有没有什么准备?”

大官回答说:“学生已经准备好了100顶高帽,如果遇到一些困难的事情,就送他一顶高帽,事情就迎刃而解了。”

老师听了,非常生气,严厉地说:“我们这些有官职的人,都以奉献自己为己任,怎么可能受这些歪门邪道风气的影响,而改变自己做官的初衷呢?”

学生听后连连认错:“老师说得对,像老师这样两袖清风、为官正直的人已经不多了,这世上多的是那些喜欢歪门邪道的人。”

老师听了学生的话之后,转怒为喜,道:“你说得对,这个世上能够耿直如一的人已经不多了。”

师生拜别,从老师的府邸走出来之后,学生不禁说道:“我这100

顶高帽，如今只剩下99顶了。”

故事中的这位老师，身处高位，本身就是一个喜欢被别人奉承讨好的人，但是他为人师表，又非常注重自己的外在声誉，所以就算喜欢听好话、戴高帽，也不能大胆地表露出来，于是就将这种喜欢听好话、戴高帽的歪门邪道行为投射到那些与他一样身居高位、在朝为官的人。殊不知，他这种掩藏自己本性、讽刺他人的行为恰恰暴露了自己的真实心理。

当人们压抑自己的真实意图，用理性来掩盖内心真实的想法时，就会因为欲求不满而产生防御机制，然后将这种防御机制下的焦虑、嫉妒等负面情绪刻意地转化为中伤、斥责、谩骂等形式，随之转化到一个与自己行为相似的人的身上，这种行为被称为投射机制。

之所以会出现投射机制，是因为人们潜意识中被压制的情绪冲动。举个例子，在工作中，如果A想要得到领导的重用，讨得领导的欢心，于是在背地里向领导打小报告，偷偷说同事B的坏话，可领导却反过来严厉批评了A的行为，结果，A不仅没有获得领导的喜爱，反而还被领导嫌弃。这时候，如果领导表现出对同事B（或同事C、D、E、F、G，随便哪个同事）的喜爱和信任，A就会愤然指责别人，说同事B（或同事C、D、E、F、G）趋炎附势，打小报告，破坏对方的形象，而自己表现得正义凛然、清白无辜，丝毫不认为自己的行为多么可耻。

看完这个例子就明白了吧。投射机制就是当一个人的负面情绪与理性或者道德相悖时，为了保护自己内心真实的想法不被发现，将负面情绪投射到别人身上，打着公平公正的旗号，刻意批判别人，让那种行为从别人身上呈现出来，力证自己的清白，为自己开脱，其实是为了掩藏自己潜意识里的情绪冲动。

“二战”时期，德国为了维持三线作战，实现希特勒统治世界的痴心妄想，于是开始征用一切可用资源，甚至不惜牺牲群众的利益来满足自己的私欲。那时，虽然德国拥有世界上最多的可用资源，可是人们依然过着衣不蔽体、食不果腹的悲惨生活——所有可用资源都因为战争而被无情地征用了。

为了获得更多的可用资源，支持他的妄想，希特勒和戈培尔甚至提出了“要坦克不要面包”的邪恶计划。他们要求无数德国人饿着肚子为战争做准备，制造更多的武器用来打仗，毫不考虑人民的衣食住行等问题，只知道大肆剥削、强制镇压人民。可是，就在这种情况下，德国纳粹党派却开始做出虚伪的表率，他们严厉地斥责了那些为富不仁、不知节俭的官兵，还整天通过媒体声称要响应高层的号召，安顿好人民的生活，懂得节俭，甚至很多官员开始现身说法，以此来证明他们的清白。

但事实上，这些表面义正词严的纳粹党却是最爱贪污、最会剥削人民的刽子手，他们在人民群众面前做戏，道貌岸然地宣传高层的号召，为群众树立好的榜样，殊不知他们暗地里拥有无数的房产，每天喝着名贵的红酒，听着群众人民的哀号，享受着他们腐朽的生活。

就是现在，战争结束几十年之后，道貌岸然的人也只见增多不见减少。他们压制着自己潜意识里的冲动，隐藏负面情绪，将所有的焦虑和不安通过种种形式投射到与他们有着相似行为的人的身上，想要以此来转移人们的视线，弱化自己的负面影响。甚至有时候，他们会表现得比普通人更加憎恶那些犯了错的人，他们会用最严厉的言语来批评那些人，会极度地讽刺他们的行为，殊不知，他们本身也是这样的人。他们自认为讽刺了别人，其实是在讽刺自己，他们自认为掩盖了自己的行为，其实是更加快速地暴露了自己。

第十二章　心理博弈是制胜的关键

1. 承诺威胁效应：恐吓也会发挥大作用

最能伤人的什么？是刀？是枪？有时候，最能伤人的或最能威胁人的，却是软杀伤力：语言。两者交锋时，采用心理威慑、心理宣传等手段，对人的心理施加刺激影响，瓦解对方的心理防线，使其朝有利己方的方向变化和发展。这就是承诺威胁效应。

从前有一位非常睿智、断案如神的县官，他曾经断过一个案子，凶手是一个贫困的农夫，为了给家中病重的老母亲治病，一向懦弱的他杀死了不肯赠药与他的大夫。

虽说这位农夫是为了尽孝，很是可怜，值得同情，但杀人偿命，天经地义，县官侦破此案后，铁面无私地判处了对方死刑。

几年后，这位农夫的弟弟带了一群人闯到县衙找县官报仇。原来，农夫并不是独子，家里还有一个弟弟。但是农夫的弟弟从小就不学好，净干些偷鸡摸狗的事情，还经常扬言自己要学功夫，欺负同村的同龄人。后来，他果真遇到了一位身怀武艺的道人，便跟着道人学武艺去了。后来，他听说哥哥被斩首，便决定回乡报仇。

农夫的弟弟正打算冲上去杀了县官，此时，县官身边的一个捕快，怒道："我和你们拼了！"但是农夫的弟弟却不为所动，一点也不害怕,他想,自己这一方这么多人,就算对方和我拼命,也占不了便宜,伤不了我,我却能为哥哥报仇。所以,他毫不退缩。

县官身边还有一名武功高强的护卫,但是他看到对方人多势众,而县衙才三五个衙役,如果硬拼的话也很难保护县官的安全,最多打伤对方几个人罢了。于是,那名护卫干脆放弃抵抗,说道:“你们今天人多势众,我打不过你们,你可以杀了大人,但是日后我一定会为大人报仇。一日不行就三日,一个月不就半年,一年不行就两年,两年不行就十年,反正我走遍天涯海角也要找到你,从此你再也睡不了一个安稳觉,时刻都要提防着有人去刺杀你。如果你想过这样的日子,你就尽管杀好了。”

农夫的弟弟听了护卫的一番话后,先是愤怒,继而又想,对方确实是一个说到做到的人,而且武功高强,杀了自己并不难。这样一来,自己以后每天都要担惊受怕,吃不好睡不好,人生还有什么乐趣? 想到这里,他愤恨地带着人离开了。

其实,捕快和护卫的想法是一样的,都希望农夫的弟弟能够自动离开。但是,捕快的威胁却没有什么分量,因为他已经说出了结果——要和对方拼了,这样的说法,对方完全能够想到结果,反而不会担心。但是护卫的说法却高明许多,他也是在威胁对方,却不直说自己会让他怎么样,而是让他自己去想象,产生恐慌情绪,最后放弃行为。

俗话说“没出手的刀子才是最锋利的”。为什么? 因为当人们被刀子指着的时候会不停想象那把刀伤到自己时会多么锋利,自己将有多痛苦,得流多少血,反而觉得更害怕。而如果刀子已经在他身体里了,结果已经出现,他就没有那么害怕了。

要知道,人们害怕一切未知的、不确定的东西,因为人的想象力是无穷的。比如,你跟抢钱的地痞流氓说:“我不会就这么算了的,一定会拿棍子打你的!”这是不可能让对方放弃行动的。对方觉得没什么大不了的,因为他已经知道你会怎么做了,心里有底了,就算被你得手了,不过就是被打一下,疼不到哪里去。

如果你说:“你等着,我一定会让你坐牢的!”对方就不会那么镇定了,他就会开始想,你打算怎么做呢? 是不是认识他? 会报警吗? 真的被抓,该是什么样的感受? 他会越想越不安,为了这点钱,不值当的,还是算了吧。

人们总是会对还没有发生的、对自己有威胁的事情有敬畏感,所以说悬着的刀才最让人提心吊胆,有时想让对方听你的话,照你说的去做,可以试一试恐吓的力量。比如,我们在影视剧中看到有的坏人威胁那些没什么立场、心志不坚定的人的时候,往往是抓住了他们的把柄,让他胆战心惊,只能乖乖地听话。而这一招远比那些武力压制或者用金钱收买更有效。

陈刚自从大学毕业之后,一直在一家公司工作,没有跳过槽,他年纪不大却是公司里的资深员工,平时也很努力,早早地就当上了部门的副经理。

上个月,他们部门的经理离职了,陈刚认为这次公司肯定会提拔他当经理。可没想到,公司没有提拔公司老员工,而是空降了一位经理过来。

虽说还没见过面,不知道这位经理的能力怎么样,但是陈刚在心里就已经开始讨厌起这位经理来了,觉得对方一定是靠走关系进来的,是个没真才实学的草包。

这天,陈刚接到通知,新来的经理明天就要来公司报道了。第二天早上,陈刚故意姗姗来迟,想给新经理一个下马威,让他不要小瞧自己。

陈刚到办公室以后,也没有主动去和新经理打招呼,而是当着大家的面假装业务很忙的样子,看也不看那位新经理。

在处理手头工作的时候,陈刚发现有一份紧急文件需要拿到人事部去盖章,连忙大声招呼经理助理把文件拿去盖章。因为在上一任经理离职后这段时间,陈刚一直是代经理,所以这位助理便协助陈刚的工作。但是,现在新的经理来了,助理自然就该听新经理的安排。巧的是,新经理也在此时叫助理去帮他复印文件。

助理就跟陈刚说，自己还有别的工作，请他去找别人去盖章。陈刚一听，急了，说道："我这份文件上头急着要，耽误了大事，你承担得起责任吗？知不知道轻重啊你！"

不管怎么说，陈刚也是副经理，这位助理只好先帮他去盖章。结果这一来一回就耽误了帮新经理复印文件。而且，那份文件也很重要，非常紧急，只不过新经理没说罢了。因此，新经理刚一上任，就被上级领导批评了。

陈刚听说后，开心极了，但是又怕大家议论，便跑到新经理面前装好人，假模假样地说道："我实在不知道那份文件是您要的，而且还那么急，否则我也不会让助理帮我去跑腿，是我没有分清轻重缓急，真是抱歉，害您被领导批评，都怪我，请您责罚我吧。"

经理始终埋头看着手里的文件，没有理会陈刚，过了一会儿，说道："下级无视上级，滥用权力，确实是违反了公司的规定。但是陈先生你也不知情，这一次就算了吧，但是如果再有下次，我就只好秉公处理了。"

陈刚听了这软硬兼施的话，心里不禁嘀咕：他打算怎么秉公处理？向上级领导告状，还是暗地里报复我？陈刚越想越觉得，新经理一定会狠狠地打压他、苛待他，忐忑不安了很久。可那位新经理对他依然是那种不卑不亢、不晴不雨的态度，实在让人摸不清他真实的想法。接下来的日子，陈刚就老实、收敛了很多。

所以说，有时候，恐吓远远要比实际行动有力量得多，它可以击溃一个人的心理防线，让对方不敢违抗你。

2. 协和谬误：陷阱有时是由自己设计的

协和谬误，是指对某件事情投入了一定成本，进行到一定程度后，发现不宜再继续下去，但又不想让付出的成本付之东流，只好将错就错，结果可能造成更大损失。

20 世纪 60 年代，英国和法国决定联合研制一种高科技的超音速客运飞机——“协和飞机”，在他们的设想中，这种飞机不仅飞行速度快，安全系数高，载客量大，最重要的是要比以往的飞机更舒适，功能更全面。

两国政府信心满满地开始了研发，因为技术上的需要，这架飞机所需的研发资金成了无底洞，据说法国政府为此还补发了一次国债。

当研究进行到一半的时候，就有经济学家指出，以当时的客流量来看，英法两国坐得起飞机的人所带来的利润，根本抵不上开发这架飞机所耗费的资金成本。可是，两个国家为这次研发早已投入了太多精力和资金，如果现在放弃，那么以前的投资就白白浪费了，所以，两国政府只能咬牙坚持下去。

1976 年，协和飞机正式投入使用，但是高昂的研发和建设成本，再加上运营成本，协和飞机的销售额远远达不到盈利标准，损失惨重。

为什么英法政府在明知协和飞机无法带来盈利的情况下还要继续研发下去呢？因为，他们不想让前期的投入打水漂，不想让自己付出那么多精力却得不到一个成果，结果就导致他们明知是个陷阱却还是义无反顾地跳了下去。

由于这个著名的“协和飞机”事件，所以人们把这种投入越来越多、损失也越来越多、自己给自己挖坑的现象称为“协和谬误”。

协和谬误，也称为“沉没成本谬误”，正是因为人们对沉没成本的不甘心，才导致损失越来越大。而之所以叫作谬误，就是因为人们在失去了某些东西，也就是付出了沉没成本后，往往会做出一些更加荒谬的事情，比如像上面的英法政府一样。

说说生活中的“协和谬误”现象吧。比如，你对自己现在的工作很不满意，非常想要换一份工作，但是你已经在这个职位上打拼两年多，如果辞职了就等于清零，从头再来，最终你放弃了换工作；比如，你大学毕业之后想要考研，可是，你对自己原有的专业已经感到厌烦、麻木，不想再继续学习了，可又担心新专业无法学好，最终还是选择了原来的专业；比如，你觉得自己现在的恋情很糟糕，另一半不懂浪漫，也不关心你，你很想结束这段感情，可是一想到重新开始一段感情好麻烦，还是会继续忍受着对方。这并不是因为你恋旧，也不是因为这些东西有多么重要，只是因为你觉得自己付出太多的时间、精力、金钱或者别的什么，一旦放弃，原来的付出就没有价值了，你想要避免自己的损失。

请设想这样一个情景。前几天你花了2000元钱才买了一部最新款的手机，结果今天和朋友去爬山的时候，不小心把手机弄丢了，你和朋友找了一圈没有找到。朋友劝你放弃吧，别找了。但是你心疼自己花掉的2000元钱，倔强地想一定要把手机找回来。可是，要想找到丢失的手机，就得花钱去请搜救队，而且还不一定能够找到。

我想，一般人是不会做这种蠢事的，因为这样做只会让自己的损失越来越大。但不幸的是，生活中绝大多数人在遇到这样的事情时，总会陷入协和谬误中。

洋洋在网上花80元钱买了一件衣服，收到衣服之后才发现，这件衣服质量特别差，针脚粗糙，剪裁比例也不对，跟看到的图片差太多了。洋洋本想申请退款，但是卖家却说必须退货退款，只退款的要求他们不接受，而且，店家说把衣服寄回去的运费得由洋洋自己出。洋洋一气之下给了差评，也不退款了。

事后她又想，已经花钱买回来了，就这么扔了不是损失更大吗？于是，她就拿去让裁缝重新改了改，可惜巧妇难为无米之炊，这么差劲的衣服怎么可能一下子就变成漂亮衣服呢？洋洋又白白浪费了20元改衣服的费用。

衣服改好后，洋洋为了不让自己的100元钱白搭，还真的穿着这件衣服去上班了，结果受到了同事的一致嘲笑，大受打击，下班后还是把衣服扔掉了。

要知道,已经发生了的事,没有办法改变。同样,已经付出的成本也是收不回来的。协和谬误只会让人们在吃饱以后还要撑着把东西吃完,造成对胃的伤害,让人们的房子里充满永远用不到的东西。

所以,我们应该冷静、客观地看待沉没成本,不要只看到眼前投入的多少,而是应该用长远的眼光考量其未来的发展前景,是否有继续投资的必要。

有一对小情侣出去约会,点了餐之后一结算是 160 元。服务员跟他们介绍说,餐厅今天周年庆搞促销,消费满 100 元返 20 元,满 200 元就返 40 元,建议他们再多点一些,反正还是一样的钱,却可以多点几道菜。但是小伙子认为点的菜已经够多了,两个人吃不了多少,就说待会儿再看看。

吃饭的时候,小伙子和女朋友发现这家餐厅的水平并不怎么样,菜做得不好,也不新鲜。小伙子就对女朋友说:“别吃了,实在太难吃了。”

可女朋友觉得钱已经花了,不吃完就太浪费了,于是就提议道:“不如我们再点一些饮料、冰激凌什么的,凑够 200 元让他们返钱好了,反正也没有多花钱。”

小伙子考虑了一下,说:“还是算了吧,他家的饭菜都这么难吃,冰激凌也不见得好吃。而且我们已经吃得差不多了,就算冰激凌不用多花钱,可硬要吃下去的话,说不定还会吃坏肚子,花更多的钱。”然后两人就结账离开了。

其实仔细想想,不正是这个道理吗?好比你花 10 元钱买了一个西瓜回来,结果回到家切开西瓜一看坏掉了,很多地方都已经变成深红色了。但是为了不让自己的钱白花,为了收回成本,你挑挑拣拣把自认为能吃的部分勉强吃掉了。这样一来,你不但损失了 10 元钱,还吃了一肚子坏掉的西瓜。这样做,你的 10 元钱就能收回来了吗?不能,它早已成为沉没成本,收不回来了。

那么面对沉没成本,我们应该怎样做?

印度民族解放运动的领导人、被尊称为“圣雄”的甘地，有一次乘坐火车到外地去，他在站台等车时正巧碰见了一个熟人，两人很长时间没见面了，便热情地攀谈起来。直到火车马上就要启动的时候，二人才匆匆上车。

由于时间紧张，上车时过于匆忙，甘地刚刚踏上车门，火车正好启动，他的一只鞋子被车门夹住，掉到了车外。这时，只见甘地迅速把另一只鞋也脱了下来，扔向前面那只鞋子掉落的地方。

火车上的乘客看到后都很疑惑他为什么这样做，于是，一位乘客按捺不住好奇心问他。甘地说：“如果有穷人从铁路旁经过，他就可以拾到一双鞋，这种结果比他捡到一只鞋更好不是吗？这样这只鞋的丢失才有价值。”

面对丢失的鞋子，甘地的态度是非常豁达的，他并没有为此介怀，更没有想过为了这双鞋让火车停下来，去把鞋捡回来。这才是最理智的做法，对待沉没成本就像对待泼出去的水一样，不是懊恼，想着如何减少损失，而是坦然面对。

一个理性的人在做决策时不应该考虑沉没成本，过去就是过去了，再后悔也已经于事无补，不断弥补反而会让自己越陷越深。所以人应该抱着一种冷静的、理智的、向前看的心态，这样才能让自己更加快乐。

3. 分蛋糕理论：如何“优雅”地讨价还价

分蛋糕理论，从管理与营销学上讲，就是公平、公正原则：请团体中的某个人分蛋糕，然后其他人先拿蛋糕，分蛋糕的人最后拿。从心理学上讲，就是心理博弈，看谁棋高一着，赢得最大利益。当然，也记得给彼此留好退路和底线，优雅地去讨价还价。

云云今年12岁，刚刚小学毕业，难得享受一个长长的假期，遇到星期天也不用再去补课，妈妈带她出去逛街买东西。看着琳琅满目的商品、熙熙攘攘的人群，云云发现：顾客在购买心仪的商品时，很少有直接一口价，卖家要多少就给多少，爽快地把商品买下来的，总是要跟卖家讨价还价一番。她的妈妈就是这样。

妈妈看好了一件适合云云的连衣裙，鹅黄色的，非常有设计感，布料也很柔软。妈妈问店家："老板，这条裙子怎么卖？"

老板看了看，说道："138元。"

云云的妈妈惊叹道："就一条小孩子的裙子，卖这么贵，你不如去抢银行哦！"

老板看出云云的妈妈是诚心想买这条裙子，说："你觉得多少钱合适？"

"80元！"

"80元！我进价都不止这个价。要不你80元卖我一条好了，不可能！最低130元。"

"你这也没让几块钱呀，还是太贵了，那就88元怎么样？"

"不行不行，这连运费都没赚上来呢。我看你也是诚心想买，这样吧，我再让一点，120元！"

"不行！还要再让！90元总行了吧。"

"110元！不能再低了，不然没钱赚了。"

"我最高就给你95元，你要是不卖我就上别人家去买，反正这种款式也不是就你一家卖。"

"行了，行了，我就按成本价给你，100元怎么样！给100元你拿走。"

云云的妈妈犹豫了一下，说道："行，那就100元吧，你给我包起来。"

云云在一旁看得津津有味，妈妈跟店家讲价就像坐过山车一样，一会儿高，一会儿低，讲来讲去，最后停在了100元这个价位上。云云就纳闷了，为什么不一开始就卖100元呢？这样就不用浪费时间去讲价了嘛！

实际上，100 元这个结果是买卖双方博弈后得到的结果，事前谁又知道 100 元是最后的成交价呢？如果店家一开始就给出 100 元的价格，难道云云的妈妈就不会还价了吗？一样会还。在顾客心中，卖家给出的价格都是过高的，不是商品的真实价格，所以，无论一开始卖家给出的价格是多少，顾客都会还价。

而不同的顾客能够接受的价格不一样，如果换了另一个人来，也许 120 元就能够接受，那么店家在一开始就给出 100 元的价格岂不是吃亏了？

所以，100 元并不是这件商品真正的价格，而是通过讨价还价才得到的最后成交价。

讨价还价其实是一种零和博弈。什么是零和博弈呢？就是指当双方处于博弈状态时，一方获利另一方就受损的情况。每个人都有这样的心理，尤其是在销售的过程中，不管是卖方还是买方，都会觉得：如果让对方占了便宜，那么自己就会受到亏损，所以买家上来就会把价格几十元几十元地往下砍，更有甚者直接对半砍，而卖家也会把价格提高好几倍。

当事人的想法都是一致的，那就是希望自己不是受损的那一方，他们不想见到对方受益，更不愿看到两败俱伤的局面，都希望通过适当的让步来达成协议。所以，讨价还价的前提是让步，形成一个公平的，双方都能接受的局面，任何一方过于强势都不是最优策略。

让我们再来看一个讨价还价的基本模型——美国当代著名哲学家、伦理学家罗尔斯假设的分蛋糕的故事，我把这个故事做了一下扩充。

从前，有几个人一直生活在一起，每天都同吃同睡，他们每一餐后都会分享一个蛋糕，但是因为当时没有能够称重量的用具，所以每次分蛋糕都是一个大问题，很难分得公平。而且，人多蛋糕少，在利己心理的作用下，先到的人总是会给自己多分一些蛋糕，吃到最大份的。因此,他们这几个人每天吃饭争先恐后,生怕自己晚到一会儿就分不到蛋糕了。

分蛋糕的事情每天都会引发争执。有一天,他们觉得这样下去不行,一定要有一个公平公正的分法,否则每天生活得太累了。于是,他们开始尝试公平地去分蛋糕。

他们最先尝试的方法是:任意指定一个人负责分蛋糕,其他人都不得插手。但是很显然,这个方法一点也不合理:分蛋糕的人总是先给自己分,而且每次都是自己分的那块蛋糕最大。其他人只能分到很小一块蛋糕。

于是大家又换了一个方法:每人一天轮流主持分蛋糕。这样虽然看起来公平了,但不是真正意义上的公平,等于是变相承认了每个人给自己多分蛋糕的权利,让每个人在一段时间内都有一天吃得最多,其余几天都吃得很少。

几天后,大家又想出了第三种方法:选出一位威望和信誉最高的人来主持分蛋糕,并且找一个人监督他。这个办法刚开始实行的时候效果还不错,大家推选出来的人确实比较公平守信,没两天,他也忍受不了蛋糕的诱惑,分给自己的蛋糕逐渐变多了。

而那个监督他的人,在一开始也很认真地履行职责,看到他不公平的时候就会警告他。但是后来,分蛋糕的人悄悄答应给他多分一些蛋糕后,这个人就不那么认真了,开始跟分蛋糕的人同流合污了,他们俩的蛋糕就成为几个人里最多的和第二多的。

无奈之下,他们只能再寻找第四种方法:回到刚开始的方法,让每个人轮流值日分蛋糕,但稍微有些不同,分蛋糕的那个人必须等到大家都挑选完之后,拿最后剩下的那一份蛋糕。

这个方法实行之后,大家终于能够吃上分量一样的蛋糕了。每人分到的蛋糕都一样多,简直比用仪器量过的还准。因为每个主持分蛋糕的人都意识到,如果他分的蛋糕不公平的话,那么其他人就会先把大份的蛋糕选走,他就只能拿最后剩下的那份最小的了,自然每个人分的蛋糕都是不多不少。

为什么大家会为了分蛋糕而不断争执,一定要平均分配才行呢?因为蛋糕只有一个,他们觉得如果有一个人吃得多了,那么剩下的其他人(包括自己)吃到的就少了,自己的利益就会受损。

可是,说实在的,在现实生活中,讨价还价很难做到真正的公平。就像一开始那个例子,云云的妈妈虽然把价钱讲下来了,但那并不代表她就没有损失,她根本不了解那条裙子真正的成本价,也许只是50元,她却花了100元。

所以,我们在讨价还价的时候应该更全面地考虑一下成本问题。

回到第二个例子,假如分的蛋糕是一块冰激凌蛋糕,当他们在为了谁分蛋糕、怎样分蛋糕而争吵的时候,蛋糕就会不停地融化,每一次谈判意味着蛋糕在不断地缩小,那么等他们找到解决办法后,蛋糕的价值就变小了,他们的利益也变小了。也就是说,每一次谈判都让他们付出了蛋糕缩小的代价,产生了成本。

所以,在讨价还价的时候一定要注意尽量缩小谈判时间,减低成本,这样才是成功且聪明的谈判高手,否则赢了也没有什么意义。

4. 信息甄别效应:如何选择对我们有用的信息

信息甄别效应,就是指人在认知陌生人和新事物的过程中的信息归类。当我们接触到一位陌生人时,都会自动进行信息甄别,了解一下这个人是什么性格、有什么兴趣爱好,从而做出判断。其实,我们很难全面看透一个人,他只是展示出他想展示给你的一面。所以,聪明的人应该学会甄别有用的信息,不要以偏概全,要从更深层次对信息进行甄别。

看过福尔摩斯或者类似的侦探小说、悬疑电影的人都会惊奇于那些侦探的高智商，他们心思缜密，能够将看似完全没有联系的信息联系在一起，能够从蛛丝马迹中找到线索，能够从一个人的说话方式、五官、四肢推断出这个人的性格、家庭条件和职业，甚至能从案发现场留下的一个脚印判断出凶手的身高、衣着、外形。

比如，福尔摩斯第一次见到未来的搭档华生的时候，他在一瞬间就推断出了华生的身份，他是这样说的："我的思路是这样的：这位先生有行医的特征，但又有军人的气质，所以他显然是名军医。他刚从热带地区回来，因为他脸色黝黑，但他手腕那里白皙的肤色又说明那黝黑的脸色并非本来的肤色。他面容憔悴，说明他吃了很多苦，受过病痛的折磨。他的左臂受过伤，现在还显得僵硬不便。一位英国军医可能会在什么热带地方吃尽千辛万苦而且肩膀受过伤呢？显然是阿富汗。"

很多人看了这一段描述后都不得不佩服福尔摩斯强大的推理能力和逻辑能力，但这其实只是一种信息甄别效应，一般人都有这样的能力，而福尔摩斯却把这个效应应用到极致罢了。

信息甄别效应，说得直白点，就是人在认知陌生人和新事物的过程中的信息归类。比如说，两人在相亲时，男孩看到女孩穿着高跟鞋、大长裙，化着精致的妆容，还留着一头柔顺的长发，第一感觉认为对方一定是一个成熟、妩媚的女孩。但实际上，女孩并不一定就是这样的人，只不过是男孩从她的衣着、打扮中甄别到了这样的信息而已。

同样一个人在不同人的眼中很可能是不同的样子，因为他在不同的人面前表现出了不同的性格，而大家都根据自己亲眼看到的信息得出了结论。比如一个女孩，她在自己的父母面前是最放松、自在的，每天不用主动干家务，衣来伸手，饭来张口，那在父母眼中，她就是任性、不独立的；在老师面前，女孩主动打扫教室，积极向老师请教问题，自觉给老师倒茶，作业做得工工整整，在老师眼里，女孩就是乖巧、懂事的；在领导、同事面前，女孩态度非常认真，做事一丝不苟，领导下达的指令立即去做，同事请教的问题耐心地回答，所以，在领导、同事的眼中，女孩就是有责任感、精明干练的。实际上，每个人了解得都不全面，因为他们看到的只是女孩在不同情境下打算展示给别人的部分，并不是全部。

由于信息甄别效应的存在，使得我们在认知事物上变得趋于表面化、模式化、标签化，见到穿着白衬衫、牛仔裤，留着短发的就认为是男孩子，但是现在很多女孩子也会喜欢这种中性打扮；给孩子请家教，就喜欢请那些年龄大的，尤其是退休的老教师更好，觉得老教师会教学生，职称高，有水平，其实对方很可能只是资历熬得久；特别不待见离过婚的男性，觉得对方一定有什么问题才导致离婚，要么就是出轨了，要么就是家庭暴力，但也许人家真的只是婚后发现不适合一起生活，和平分手；见到说话有些结巴的人，就觉得对方很笨，话说得不利索不代表对方的脑子也不利索，对方是一个腹黑高手也说不定。

所以，聪明的人应该学会如何甄别有用的信息，不要以偏概全，要从更深层次对信息进行甄别。

甚至有的时候，当我们无法更好地进行信息甄别，判断不了对方流露出的信息是真是假时，我们可以换一种方式，不要总是去猜信息的真假，而是采用别的方式去验证一下，让对方自己暴露出那些虚假的信息。

《圣经·列王纪上》记载了一个故事，讲的是所罗门王如何辨别出孩子的亲生母亲的故事，这就是一个很好的信息甄别的例子。

曾经有两位母亲争夺一个孩子的所有权，双方都坚称自己才是孩子的亲生母亲，但是谁都拿不出直接的证据。因为那个时候可没有现代的发达技术，不能用 DNA 做亲子鉴定，所以事情的真相究竟怎样没有人知晓。

两位母亲互不相让，最后只好去找所罗门王评判。

到了所罗门王面前，一个女人立即跪倒在地，泪眼婆娑，声音沙哑地说："王，求您为我做主！这个女人前几天和我差不多同一时间分别生下了两个孩子,我们俩住在同一个房间里,房间里除了我们两个再也没有别的人。可是今天早上,我醒来给孩子喂奶的时候发现,怀里的孩子已经死了,再仔细一看,发现那并不是我的孩子,而是她的孩子。而我的孩子正好好地躺在她的怀里。”

事实上,这个女人就是孩子的亲生母亲,另一个女人在睡梦中不小心把她自己的孩子压死了,她在感到悲伤的同时想到了一个好主意,趁半夜时分,同屋的人都熟睡了,偷偷把孩子给调换了。

另一个女人,也就是假的母亲听了,赶紧大声地争辩道:“她说谎,事情完全相反,死去的孩子是她的,活着的这个才是我的。”

两人又开始你一言我一语地争吵开来,僵持不下,不可开交。所罗门王在大堂上被吵得头疼不已,无论怎么调解那两个女人都无法冷静下来听他说。终于,所罗门王被惹怒了,斥责她们闭嘴,并吩咐侍卫把刀拿来,告诉她们:“既然你们都说孩子是自己的,都想得到这个孩子,但是又都拿不出证据来证明,那不如这样吧,把孩子劈成两半,你们一人一半。”

那个假的母亲听了之后,说:“如果我得不到孩子,那她也别想得到,斩就斩吧。”

孩子的亲生母亲则哀求道:“王啊,我不要这个孩子了,求你千万不要杀了孩子,我愿意把孩子让给她。”

于是,所罗门王就知道,心疼孩子的那个女人一定是孩子的亲生母亲,就把孩子判给了她。

在这个故事中,所罗门王并没有真想把孩子劈为两半,只是为了甄别谁才是孩子真正的母亲,而发出了一个“将孩子劈为两半”的信息。

这个例子给了我们一个很好的启示,甄别信息一定要更加理性、更有智慧一些,要从深层次出发,不能只流于表面,否则就会做出错误的判断。

第十三章　互惠互利、合作共赢的心理决策

1. 华盛顿合作定律:真正的有效合作才能带来最大的效益

为什么有的时候一个人能够做到的事情,两个人却很难完成,三个人或许就没有可能成事了呢? 这是因为,人与人之间的合作并不是单纯的人力相加,而是要复杂得多。人的思想是动态的,合作不是静止的,相互推动就事半功倍,相互抵触则一事无成。

相传古希腊有一座神秘的古堡,古堡里关着七个小矮人,他们被迫在一间潮湿阴暗的地下室中生活,没有水喝,没有食物吃,也没有任何人来解救他们,这让他们感到非常绝望。

有一天,守护神托梦给七个小矮人中的一个人,我们称他为 A。守护神告诉 A,在这个古堡中,除了他们生活的这一间,还有 25 个房间。其中有一间房子里有蜂蜜和水,另外 24 个房间有宝石,其中有 240 颗宝石是玫瑰色的,只要他们收集到 240 颗宝石,并且把它们围成一个圈,他们身上的咒语就会被解除,他们就能逃离这个古堡,回到自己的生活。

A 把这个梦境告诉了七个伙伴,但是七个伙伴都不相信,他们害怕其他房间有危险,不敢随便出去,最终经过一番讨论,只有 B 和 C 愿意和他一起努力,寻找出路。

然而在他们达成合作共识之后，却开始出现了分歧，A想要先找到宝石，然后破解诅咒，重回家园。但是B想要先寻找木柴生火取暖，而C却想先找到食物，填饱肚子。三个人的意见始终无法统一，在争吵无果之下，三个人决定各自找各自的。然而他们找了好几天都没有找到想要的东西，还累得筋疲力尽。

他们终于意识到，各自找各自的并不是一个好办法，想要尽快达成目的，必须合作起来，才能完成。于是他们商量着先去找木柴生火取暖，再去找吃的补充体力，最后寻找宝石，解除咒语。

在他们的共同合作之下，很快就找到了木柴和食物。经过几天的饥饿之后，他们快速地解决了食物，填饱肚子，并且把剩下的食物分给了其他四个人。由于其他四个人看到了食物，所以他们相信了A的梦境，开始加入寻找宝石的队伍。

为了提高效率，他们决定兵分两路，一路从左边开始寻找，另一路从右边开始寻找。然而事情并不像预想的那么顺利。一开始兵分两路的时候，四个人的那一队完全没有方向感，他们多次在原地打转。没办法，只能重新分配队伍，把B和其中一位成员交换，然后再次开始寻找，然而问题又出现了，因为有的人找宝石非常快，但是找到的宝石并不是玫瑰色的宝石，而找对宝石的人速度又非常慢，一路上大家都在互相埋怨，争吵不休。

最终在A的领导下，他们不得不停下寻找宝石的工作，简单地开了一次会议。A要求大家把寻找宝石的经验，以及可能会遇到的困难一起提出来，大家共同学习，共同商量。

在所有成员的分享之下，七个小矮人终于找齐了240颗宝石，他们把宝石围成一个圈，解除了诅咒，成功地回归家园。

合作是一个问题，如何合作也是一个问题，这就是著名的华盛顿合作定律。

假设每个人的力量为1，那么1+1有可能大于2，也有可能小于2。因为每个人的能力相加并不一定会增多，如果不能好好合作，而是各自为战的话,很有可能比一个人的力量还要弱。因为人是可以思考的动物,不是思维静止的动物,所以人的力量可以用在各个方向,如果两个人的想法一致,力气往一处使,无疑会增强团队的力量。如果两个人的力量不往一处使,甚至有可能往相反的方向,那么两个人的力量就会相互抵触,最终一事无成。

比如最著名的拉绳子实验。先召集一群参加实验的人,将他们分别分为两人组、三人组以及八人组。实验开始,要求每组成员都要用尽全力去拉绳子,然后计算出结果。其次,再让每个人都单独拉绳子,同样计算出结果。

研究结果表明,在试验中,出现了多次 1 +1 小于 2 的情况,这说明在多人共同拉绳子的过程中,有人偷懒,并没有用尽全力。而人数越多,偷懒的情况越严重,这说明当人们在一起合作的时候,并不是简单地把人力相加就能完成的,而是要更好地控制住每一个人的力量,让他们学会与人合作,才能发挥出最大的力量。

华盛顿合作定律不仅仅是教我们应该如何与别人合作,在现代商业管理中,华盛顿合作定律也有着重大的研究意义。在我们所知的企业管理理论中,对于合作的研究并不多,这也导致企业家在管理企业时,致力于把公司内部员工的人数尽量减少,但对于提高员工个人效益和团队合作的研究却知之甚少。企业管理的主要目的不是让每个人成为最优秀的员工,各自为营,而是要让员工在合作时更加团结,这样才能更好地管理企业。

美好的愿景是团队合作的基石,但明确的目标是团队成功的前提,很多管理者只重视团队的目标,却不重视员工的个人目标,导致员工的个人目标与团队目标背道而驰,团队的力量无法集中到一起,团队的目标自然也完成不了。

对企业管理来说,团结协作则是团队合作的关键。一个团队既需要大家共同努力,也需要领导者更好地管理,通过对团队的有效管理,团队的合作才能有效进行,团队的目标才能最终得以实现。

任何一个团体在合作过程中，都免不了存在钩心斗角、针锋相对的现象，甚至有的时候，仅仅是一句话或者一个眼神，都可以离间团队成员之间的感情，这种团队冲突一直是管理者最为担心的情况，也是华盛顿合作定律的直观表现。想要让团队的合作更加顺畅，管理者一定要重视这种团队冲突现象，更好地团结员工，友好合作。

2. 跷跷板互惠原则：一门人际相处中不可缺少的艺术

为人处世讲究有来有往，如果在与朋友、家人、恋人的相处中，只有一方在付出，另一方始终在享受，那么这份感情是不可能长久的。因为人都是利己的，两个人必须处在相等位置，处于一种平衡的状态，才能维持双方友好的关系，否则就会引起矛盾与争端。

前几天带着小侄女去公园里玩，小侄女想要去玩跷跷板，但是我跟她的重量着实有些悬殊，便让她去另找一位小朋友一起玩。

我坐在一边的长椅上看着她，很快她就找到了一位志同道合的小朋友，两个人非常开心地跑过去玩跷跷板。一上一下，你来我往，笑得特别大声。

过了一会儿，小侄女找来的那个小朋友好像玩够了，眼睛直溜溜地盯着旁边的秋千，好几次都跟小侄女说要下来，但是小侄女都不让，总说着：“再玩一会儿！”

那位小朋友好脾气地等了好几个“一会儿”，小侄女还是不放人，然后她就生气了，把跷跷板压下来就坐在那里使劲往下压，不让自己这头抬起来。小侄女就一个人在半空使劲想把跷跷板压下来，却怎么也压不动。

没有了对方的配合，小侄女一个人根本没有办法玩，也生起闷气起来，最后只好把对方放走，让她玩自己想玩的，弄得两个人都不开心。

我在一旁看着，忽然就想起了心理学中的跷跷板互惠原则，不由得感叹道，前人的总结真是精妙啊！人与人之间的互动，不正像跷跷板一样吗？如果一直都是某一头高或者某一头低，根本就没有乐趣，只有高低交错、有来有往才好玩。

跷跷板互惠原则是在生活、工作中与人相处时不可缺少的一门艺术。付出才有回报，世界上没有免费的午餐，不劳而获的事情大多都是陷阱，所以你想要和别人相处愉快，从别人那里得到好处，首先你得给人好处。

永远不吃亏的人才是最吃亏的人，没有人会真心与你合作、交往，一旦遇到事情没有一个人愿意帮助你。

跷跷板互惠原则来源于美国一位心理治疗大师的著名治疗案例。这位心理治疗大师曾经接待过一位病人，那是一位患有多年抑郁症的孤寡老人。老人一个人独居，不主动与人交往，也没有人愿意去陪她说话，平时她只能通过种花打发时间。

老人特别喜欢种紫罗兰，因为没有别的事情做，她把全部精力都放在打理花上，种出来的紫罗兰特别的娇艳、美丽，花朵也大。心理医生见到她之后，建议老人把自己种植的紫罗兰赠送给周围的邻居。

于是，每当附近的街坊家里有什么喜事，比如乔迁、结婚、生子、生辰或是考上了大学等，老人都会摘一束最新鲜的紫罗兰送给邻居，以示庆贺。时间一长，大家都知道，这里住着一位心地善良、擅长种花的老人家，也慢慢喜欢上了这位给大家带去芳香的老人，每次见到她或者路过她家的时候都会停下来跟她打招呼，有的人还会特意前来陪她说话聊天。

几年后，整个小镇的人家都接受过老人赠送的紫罗兰，老人也不再感觉孤独，抑郁症减轻，越来越健康。

老人赠送了花卉，换回了善意和陪伴，就好像玩跷跷板一样，你要先把对方升高，对方才会自然地下落，让你同样能够升起来。

同样，平时当我们受到了别人的帮助或者恩惠以后，也总要采用相同的方式去回报别人。

有一位大学教授做了一个实验：他随机挑选了一群素不相识的人，调查他们的住址和详细信息，然后给他们寄去了圣诞卡片。在卡片上，他写下了非常真诚的祝福语，并留下了自己的名字。

教授觉得一定会有那么几个人会给他回信，可后来的实验结果却让他大感意外。因为，几乎全部收到了他卡片的人都给他寄了回信，而且他们并没有想过去打听一下这个陌生的祝福者是谁，他们收到卡片后，自然而然地就想着自己应该回赠一张，否则会觉得欠了对方一份人情，心里不安。

这个实验的规模虽然不大，但也足够证明一点：付出总能得到回报，在生活中互惠原则对人际关系起着非常大的作用。

商场上也同样如此，做生意的人都知道，只有双赢才是最佳的合作方式，那么怎样才能达到双赢的局面呢？这就要求合作双方能够做到像玩跷跷板一样互惠互利，不要总想着占便宜，想着坐享其成，应该真诚以待，共同努力奋斗，不斤斤计较，与对方宽容相处。

那么，如果一个人在生活、工作中做不到跷跷板互惠原则，维持不好与别人关系的平衡，一味索取又会出现什么后果呢？

潘凌是一位律师，因为从小家庭条件不好，他一心想出人头地，成为业界翘楚。所以在刚刚入行的时候，他满怀壮志，发誓一定要闯出名气。

在工作中，潘凌非常努力上进，每天都要加班，不仅如此，他还常常跟同事抢工作，一旦遇到简单的或者有油水的案子，哪怕明明不该是他负责，他也会想尽办法抢过来，时间长了，同事都尽量离他远远的，免得被他占便宜。

为了团结士气，律师事务所的老板经常督促大家相互要多多交流感情，所以隔三岔五就有同事组织聚餐。可潘凌从来都是免费吃大餐的那一个，从没见过他请过客。

由于他工作很拼命，手中的案子从来没停过，确实也让事务所赚到了钱，所以老板也很快注意到他，提拔他。潘凌升职之后更不得了，借着职务之便占尽了好处，还在暗地里使一些手段打压他的竞争对手来确保自己的地位。

在感情上也是如此，潘凌对待女朋友从来不肯吃一点亏，吃饭都是AA制，还经常借约会之名让女朋友给他做饭、打扫房间，而且每次约会女朋友必须准时或提前过来等他，对方偶尔迟到一次，潘凌绝不会多等一分钟，直接走人。也没主动给女朋友送过礼物，就算女朋友过生日，他也只有一句“生日快乐”，却会在他生日的前几天就告诉对方自己需要什么什么，或者自己又看中了什么什么。

几年后，潘凌果然过上了梦想中的生活，有了丰厚的收入，工作又轻松，好处总是能被他占去。但是他却开心不起来，总觉得生活中缺了点什么，心情越来越郁闷。

因为没有人愿意和他做朋友，合作过一次的人也不再愿意与他合作，下属疏远他，同事提防他，工作中遇到了问题只能一个人独自解决，没有人会来帮助他。而且他至今还是孤家寡人一个，所有交往过的女朋友都受不了他的自私自利。

父母发现他不对劲，替他着急，便陪他一起去看心理医生，医生了解他的情况后，只跟他说了一句话：“赠人玫瑰，手有余香，试试看去付出吧。”潘凌好像明白了什么，又不太懂，若有所思地回了家。

回去之后，潘凌做出了改变，主动带他的助手学习法律条文，给过生日或升职的同事送上一份礼物。看到下属开心的表情、同事衷心地表示感谢，潘凌感觉到了从未有过的快乐。

一个永远不吃亏、不让步，只想占便宜的人，即使真得到了好处，也不会快乐。因为他是孤独的、落寞的，他的生活缺少乐趣和分享，再好的美景也只有他自己一个人欣赏。

所以，我们应该在付出和获得中找到一个平衡点，把跷跷板玩得更加愉快，这样才能够让自己的人际关系更加和谐，保持双赢的局面。

3. 尼仑伯格法则：成功的谈判促成双赢

小到买一件衣服，大到买一套房子，都要进行价格谈判；再有，小到员工与公司之间，大到公司与公司之间，合作时都要进行利益谈判。谈判双方，并不是矛盾的对立面，而是利益的撬动者。只有让对方先赢，然后自己赢，达到双方利益最大化，才是成功的谈判，即所谓“赢者不全赢，输者不全输”。这是营销中经常用的一种理论。尼仑伯格法则就是讲究这样的双赢。

甲公司最近的产品业绩不断提升，公司的负责人开始不满足于当前的规模，决定拓展公司的业务，以赚取更多的利润。在进行观察和分析市场需求之后，甲公司决定向乙公司抛出橄榄枝，寻求双方合作的机会。但是，由于甲公司的价格压得太低，乙公司没有接受合作邀请。甲公司不想就这么放弃，于是，他希望双方见面再谈一下。

乙公司也是业界很有名气的一家公司，虽然没有甲公司的规模大，但是在市场上也非常受消费者的喜欢，加上本身公司的盈利也不错，所以并不想以低价与甲公司合作。对于这次谈判，乙公司已经商量好了最低价格底线，如果甲公司愿意让步，同意以这样的价格购进产品，那么乙公司就考虑和甲公司合作，如果甲公司还是强行按照原来的价格，那么这场谈判只能以失败告终。

然而,在谈判过程中甲公司丝毫没有让步的意思,不仅不肯提高价格,对乙公司提出的补偿条件也毫不退让,这让乙公司的负责人很是无奈,他想,是你们主动寻求合作,却一分利也不让,便宜让你们占尽,让我们白白地花时间陪跑,真是岂有此理！最终,乙公司拒绝了甲公司的合作要求。此时,甲公司还不知道自己错在哪里。由于这次强硬的谈判态度,甲公司的形象受到了影响,甲公司的负责人只能放下合作事宜,先挽回公司形象。

从这个简单的案例来看,甲公司在谈判时完全不顾及对方的利益,只想着己方的利益,认为谈判结果不是你输就是我输,所以谈判态度非常强硬,甚至不断地打压乙公司,最终不但谈判没有结果,还让公司形象受到影响,得不偿失。

真正的谈判是以达成双方的利益为目的的,只有双方的需求都被满足了,谈判才真正成功,这就是著名的尼仑伯格法则。尼仑伯格是美国杰出的谈判家,他提出:"成功的谈判,双方都是胜利者。"这样的谈判理论一直深受企业家的赞同,也让商业合作变得越来越积极。

20 世纪 80 年代末期,苦阳子曾经撰写过《谈判学研究》一书,在书中,他首次提出"成功的谈判,每一方都是胜利者"的观念,把"双赢"的谈判思想隐含于理论之中。这本书出版之后,立刻成为我国第一部从程序到实体、从理论到实践,全面而又系统地研究谈判双赢思想的著作。

自此,"双赢"的谈判理论开始盛行于中国,并快速地引起各方媒体的关注。不仅如此,当时的韩国等国家在与中国谈判时,也开始认同双赢的谈判理论。自那时起,双赢提法不仅在中国盛行,也被其他国家所接受。

那么在谈判过程中,双赢的谈判应该符合哪些标准呢?

通常,双方进行谈判时都需要讲究一些技巧,但同时双方也心照不宣地必须遵守一些制度。一般在谈判过程中,最能引起双方矛盾和冲突的是价格问题，双方在进行买卖交易，或者达成合作之前，都会竭尽全力维持自己原本的定价，不会轻易妥协。

基于这种不让步的心理，接下来双方在谈判过程中就会将谈判的焦点集中在价格上，并想方设法地运用一些技巧来保证自己的定价，或者放出烟幕弹，让对方尽快投降。

比如，有的人在谈判之前会过度地夸耀自己产品的优点，力图将产品提到一个高度，使对方产生强烈的购买欲望，然后再故意抬高产品的价格，报价比底线价格要高出很多。这样在讨价还价的过程中，能够更好地维护自己的利益。

但是对方同样也会大肆地砍价，针对一些小问题小瑕疵，为自己争取更多的还价空间。这样的谈判方式是很常见的，只要有谈判经验的人，都遇到过这样的情况，但是这种谈判方式最容易造成僵局，双方互不相让，各自为营，都想等对方让步，最后一拍两散。

由此可见，如果以这样的谈判态度，只想自己一方占大便宜，无疑会让谈判陷入僵局，严重的话，还会影响双方之间的友好关系，为接下来的商业合作带来不利的影响。所以我们必须拒绝这种两败俱伤的谈判方式，让双方在谈判过程中都有利可得，为以后的合作打好基础。

谈判的高明之处就在于，能够改变谈判对方的立场，为对方提供更多的利益，让对方心甘情愿地放弃与我们争夺。不要把双方的利益局限于同一个方向，也不要太过贪心，压得对方抬不起头，无利可得，而是要学会拿走一些，再给予一些，这样才能达成双赢的局面，才能让谈判更加成功。

4. 竞争优势效应:合作才能共赢

人们与生俱来就有一种想要竞争的天性,无论面对什么样的对手,一旦双方之间的利益相同,就会立刻转变为竞争关系。因为每个人都希望自己是最强大的,每个人都不希望被别人比下去,所以在共同的利益面前,人们会优先选择竞争,以此来凸显自己的能力,达到自己的目的。

战国时期,秦昭襄王对谋士范雎说:"现在天下的各位贤才武士,都以合纵为目标,他们齐聚赵国,想要联合攻打秦国,我们该如何应对呢?"范雎安慰秦王说:"大王不必为此事感到忧愁,他们之间的合纵关系很好破解。您想想,天下的各位贤才武士与秦国之间并没有根本上的矛盾。既然他们跟秦国没有什么深仇大恨,那就说明他们攻打秦国的目的无非是想为自己求得更多的富贵而已。这样的一群人聚集在一起,就像一群狗聚在一处,有的喜欢卧着,有的喜欢站着,有的喜欢躺着。虽然聚集在一起时它们不会互相争斗,甚至能够和平共处,但一旦投一块骨头过去,每只狗都会发疯似的跳起来去抢夺,互相撕咬。为什么会这样呢?因为每只狗都想要那块骨头,彼此之间就会起争夺之意,而不会再想着互相合作。"秦王听了之后,茅塞顿开,立即派范雎带了五千金,在武安大摆宴会,想要引起合纵之士的抢夺,破解他们的合作关系,果然,那些合纵之士为了金子大打出手,互不相让,再也没有心思去攻打秦国了。

从这个故事中,我们不难看出,只要有共同的利益,人们就会下意识地兴起竞争之意。因为在共同利益的刺激下,每个人都害怕利益分配不均,想要为自己争得更多的利益,所以人们会尽一切努力来抢夺。无论是长期利益还是眼前利益,只要有利可得,人们就会优先选择竞争。

鹬蚌相争的故事我们都听过。

一只河蚌在岸边张开蚌壳,悠闲地晒着太阳,就在这时,一只鹬鸟从天上飞下来,一张嘴啄住了蚌肉。河蚌连忙合起自己的蚌壳,但是为时已晚,鹬鸟紧紧地啄住蚌肉,河蚌也不甘示弱地钳住鹬鸟的嘴巴,双方互不相让,谁也不肯让步。鹬鸟对河蚌说:"如果今天不下雨,明天也不下雨,那你就会干死在岸边,你赶快松开蚌壳。"河蚌说:"今天我不放你,明天也不放你,那你就会饿死在这儿,你先松开你的嘴巴。"谁也不肯先放开,就在它们僵持不下的时候,一个渔夫走了过来,看见这个情景,二话不说就把鹬鸟和河蚌一起抓住了。

可见,人们的竞争优势多么强烈,有时候拼着自己的利益不要,就算与对方同归于尽,也不想各自退后一步,共同合作。

虽然这个故事是老生常谈,但是鹬鸟和河蚌因为相互竞争而被他人得利的事情在商业竞争中经常出现。人人都知道"鹬蚌相争,渔翁得利"的道理,可每每面对共同的利益时,依然还是优先选择竞争,导致被他人占尽先机,互相争夺的两个人反而损失重大。

为了研究竞争优势效应,心理学家曾经做过这样一个实验。

请参加实验的志愿者两两组成一组,各自在纸上写下一个数字,双方之间不能互相商量。每个人写下的数字就是自己想要得到的钱数,如果两个人写下的数字相加之和刚好等于 100 或者小于 100,那么两个人就可以得到与自己数字相等的钱,如果两个人写下的数字相加之和大于 100,那么他们就要支付给实验者相等的价格,并且是两个人平摊钱数。

结果表明,当双方的利益相同时,每个人都想要得到更多的钱,然后在心里祈祷对方会写下更小的数字,这样的想法导致大多数人失去利益,超出数字 100,最后只能支付给实验者相应的钱数。

心理学家认为,人们与生俱来就有一种想要竞争的天性,无论面对什么样的对手,一旦双方之间的利益相同,就会立刻转变为竞争关系。因为每个人都希望自己是最强大的，每个人都不希望被别人比下去，所以在共同的利益面前，人们会优先选择竞争，以此来凸显自己的能力，达到自己的目的。

面对相同的利益冲突时，人们之所以会优先选择竞争，大部分原因是，每个人都担心合作起来会分得很少的利益，而大部分人又自信，即使是竞争，自己也能赢得胜利，获得更多的利益，这才是大家选择竞争的根本前提。

想要打破这种竞争优势效应带来的影响，就要推崇合作双赢的理论。让每个人都能明白，选择合作会获得更大的利益，甚至比竞争更加容易。想要赢得胜利的方法不仅仅只有打败敌人一种，还有化敌为友，摒弃竞争，达成共识，共同合作。

在心理学上有这样一个公式：我 + 我们 = 完整的我。绝对的“我”是不存在的，只有融入“我们”中的“我”才是完整的我。事实上，一个人的力量是有限的，想要实现自身的价值，赢得更多的利益，仅仅依靠一个人的力量是行不通的。在商业竞争中，合作双赢才是真正的赢，一个人只有学会和别人优势互补，在合作中共同发展，才能最终实现更大的价值。

5. 史提尔定律：团结就是力量

> “一个人浑身是铁，能打几根钉？”“一根稻草抛不过墙，一根木头竖不起梁。”“一兵不能成将，独木不能成林。”这些谚语或俗语讲的都是一个道理：一个人的力量与智慧总是有限的，即便再优秀，也不可能做完所有事情。

相传在明末清初，苏州有一户姓赵的农民，赵老汉常年在外做生意，妻子带着三个儿子在家种田。孩子渐渐长大后，赵老汉就把自家的田地分成三份，分别让给三个儿子去种茶树。

有一年，赵老汉从外地回家，途经一座小镇，看到当地人在卖一种花苗，便买了一捆带回了家。这捆花苗看起来毫不起眼，谁也不知道它叫什么名字，只知道南方人很喜欢这种花，于是赵老汉就随意把这捆花苗种在了大儿子家的田地边。

花苗种下去之后，慢慢地长起来了，花苗上开出了一朵朵洁白的小花，散发着淡淡的清香。这种清香弥漫在风中，吹过大儿子家的茶树，使茶树也沾染上了花香。大儿子发现这一现象之后，喜不自禁，赶紧采摘了一筐新茶到城里头去卖。可想而知，这种沾染了花香的新茶尤其受到人们的喜爱，大儿子家的新茶很快便被抢购一空。

大儿子靠着卖这种香茶赚了不少钱，二儿子和三儿子知道后，心内不忿，一起来找大哥算账。两个弟弟认为大哥家的新茶之所以卖得好，是因为父亲从外地带回来的花苗所致，而父亲的财产是大家共有的，所以大哥卖香茶的钱应该平分，但是大儿子不同意。他们三人开始为此争论不休，在商量无果的情况下，两个弟弟认为，既然大哥不愿意把钱平分，那么他们就毁掉花苗。

后来，他们找到乡里一位受人尊敬的老秀才来评理。老秀才说："你们三兄弟是亲兄弟，应该互相帮助、亲密无间才对，怎么能因为一点利益就闹得家宅不宁、四分五裂呢？老大发现了香茶，多赚了钱，是财神爷保佑，这是一件好事，怎么还能因此而争吵起来，断了财路呢？实在是愚蠢！财神爷把香茶送来，是想让你们能够齐心合力，共同栽花，种出香茶，大家一起和气发财，而不是要你们把香花毁了！将来香茶出名了，如果有人想要使坏，还要靠你们三兄弟一起齐心协力，共同看护呢！大家不要因为眼前的一点点私利，就把远大的利益放弃了。为人处世，要把利益放在最后，团结放在前面，从今天开始，这花苗不如就取名叫'末利花'吧。"

兄弟三人听了老秀才的话，感到非常羞愧，于是他们回家之后，把香树平分，共同栽树，团结合作，再也没有为一点小事闹得不可开交，渐渐地，大家靠卖香茶共同富裕起来了。

自此，苏州的末利花茶也声名远扬。再后来，有的人觉得“末利花”这几个字字形不美，就把“末利花”改成了现在的“茉莉花”，这就是茉莉花的由来。

从故事中来看，老秀才说的道理非常浅显易懂，但是想要做到却难上加难。很多人在做事时，总是会先考虑自己的利益，甚至会嫉妒别人、破坏别人，想的是“我得不到，你也别想得到”，结果大家都没得赚。

想要让自己获得更大的利益，就要团结起来，扩大整个团队的利益，这样每一个人才能获得更多的利益。如果利益摆在眼前，每个人都想着自己，甚至暗地里妨碍其他成员，那么最后只会是竹篮打水一场空，谁也占不到便宜。

我们在生活与工作中，何尝不是如此呢？每个团队往往都是由不同背景、不同性格、不同特长，或者不同部门的人共同组成的，大家通过相互补充、相互激发各自的潜力，完成共同的目标。如果一个团队中，每个人各自为政，心里打的都是自己的小算盘，谁都希望成为最优秀的那一个，而不管别人死活，那这样的团队就是一个无效的团队，很快也就会各奔东西。

这就是史提尔定律。这一定律是由英国前自由党领袖 D. 史提尔提出来的。它的核心理论是：合作是一切团体繁荣的根本，团结就是力量。团队合作指的是，员工能够把一件事情具体化、标准化和专业化，把所有员工的力量集中起来，使一小股力量逐渐凝聚成一大股力量，最终完成更大的目标。

神话志怪小说集《续齐谐记》中记载了这样一个故事。

隋朝时候，京城有一户田氏人家，住着田真、田庆、田广三兄弟，他们成家后，想要各自发展，就商议着分家产。分到最后，只剩下庭院中的一棵老紫荆树了，不好分配。三兄弟就打算把紫荆树锯为三段，一人一段。第二天，三兄弟来到庭院准备砍树时，吃惊地发现原本茂盛挺拔的紫荆树，一夕之间突然全树枯死了。哥哥田真说："树本来是同根的，听说要砍断锯开就枯死了，难道我们还不如树吗？"三兄弟决定不再分家，和睦如初。很快，紫荆树又活了。而田家在兄弟三人的共同经营下，越来越昌盛，越来越富有。

这个故事虽然有些神异，但也确实说明一个道理：团结不仅靠的是命令，还有有效的沟通、理解以及共同的情感。在团队合作中，规则固然重要，"没有规矩，不成方圆"嘛，但最重要的是，每个人心甘情愿地贡献自己的力量，为团队的发展不遗余力地发挥自己的才智，把合作变成一种潜意识行为，这才是合作的根本前提。

我们都听过三个和尚的故事。

从前有一座山，山上有座小庙，有一天来了一个和尚。这个和尚每天去山下挑水做饭，然后打坐、敲木鱼，念经，日子过得安稳自在。

后来有一天，又有一个和尚来到山上，于是他们两个人开始每天去山下用木桶抬水喝，这样也很方便，他们合作得也很融洽，没有发生过争吵。

不久后的一天，山上又来了一个和尚，本来人多应该力量更大，三个和尚想要挑水喝更简单了。可事实上，三个和尚反而没有水喝。因为每个人都不想自己下去挑水，想让另外两个人下去抬水，所以一直僵持着，谁也不认输，谁也没有水喝。

人多不一定力量大，只有大家共同努力、团结一心，才能有超强的力量。

《淮南子·兵略训》中有这样一句话："千人同心，则得千人之力；万人异心，则无一人之用。"意思是说，即便有成千上万的人，如果大家心不往一处想，劲不往一处使，也就相当于无人可用。

是的，大家聚到一起不是目的，团结协作才是团队精神的灵魂。当一小群人拥有各种不同的技能，在共同目标或者梦想的作用下走到一起，这样组成的团队，要想建立一系列现实目标，就必须依靠共同的努力，才能有效达成。

6. 避雷针效应：巧妙沟通，促成合作

正所谓“可疏不可堵，可导不可塞”，遇到问题，就解决问题，不需要刻意压抑自己的情绪。不管是对自己，还是对他人，让负面情绪发泄出来，比一味压制负面情绪更有效。

在沟通过程中，双方之间有矛盾是很正常的，因为每个人的想法不一样，性格不一样，表达方式不一样，难免会有相互不接受的地方。这没关系，关键是，双方应保持理性，不要带着负面情绪，说气话，那样就很可能点燃导火索，引发矛盾大爆炸。

那么，我们该怎样疏导自己的负面情绪呢？首先，应该本着发现问题、解决问题的态度。不管什么事，都是可以谈的，生活在这个世界上，就像解方程式一样，做完一步，还有一步，解完一道还有一道。其次，遇见气愤不平的事情，面对讲不通道理的人，要懂得调节自己的心情，别说过头的话，别做冲动的事，在冷静状态下才能做出正确的决策。这就是“避雷针效应”。

避雷针是一种安装在高大建筑物顶端的一个金属棒，这个金属棒与埋在地下的一块金属板相连接，二者之间连接使用的是一种特殊金属线，一旦打雷，就会利用金属棒的尖端进行放电，使云层所带的电和地上的电中和，从而保护建筑物等避免受到雷击。

生活与工作中，我们总会遇到一些棘手的难题，这时，我们就需要借助避雷针效应来疏解自己的心情，疏导自己的情绪，适当地发泄心中的愤懑，这样才能更好地前进。当我们在与别人合作中出现

矛盾时,也需要我们解决和疏导,及时纾解双方的矛盾与冲突,缓解负面情绪,增加双方之间的好感度,让合作顺利进行。

张非飞是一家上市公司的董事长,上任后不久,他准备挑选一名得力助手来做自己的秘书,帮助自己处理一些日常琐事。令人奇怪的是,最后张董事长竟挑选了一位所有人看来都不适合当秘书的员工。在众人的印象里,秘书一般都勤勤恳恳,诚实稳重,会察言观色,懂人情世故,办事能力强,对领导体贴入微,帮领导处理好一切事宜。可是,这位新秘书倒好,没有一点符合秘书特质,一副大大咧咧、毫无心计的样子,经常忘东忘西,口无遮拦,别人不敢说的话,他敢说,别人怕得罪领导,他不怕。而且,他从来不会照顾人,完全记不住领导的工作与活动安排,很多时候,秘书都不如张董事长清楚。经常在临出发之前,张董事长来喊他,说:到点了,该走了。这位秘书才想起来今天的活动安排。

众人开始疑惑起来,不禁猜测道,这位秘书是不是哪位高层的亲戚?靠走关系才当上秘书的?还真不是。

那么张董事为什么要选择他来当秘书呢?那是因为当时张董事正处在高度紧张的工作压力之下,每天都在为公司的各大项目奔波。由于压力巨大,脾气也开始变得暴躁,常常会拍桌子、骂人,或者干脆一句话也不说。他自己心情不好,周围的人也格外紧张,恐怕说错了话惹他一顿骂,所以大家都躲得远远的,没人敢到他面前来自讨没趣,唯有这个秘书毫不在意,总是大大咧咧地出来进去的,有时忘记敲门被张董事一通骂,也不记仇,该怎么着怎么着。不管怎么骂,没一会儿他又来汇报工作了,甚至还敢和领导说,我觉得您刚才说得不太对。

不仅如此,面对其他同事的冷嘲热讽,秘书也不放在心上,他对很多事情都不那么敏感,表扬也好,批评也罢,反正他尽自己的本分就行了。所以在领导发脾气的情况下,只有他敢正面提出意见,让领导听到真正的心声,这才是领导选择这位秘书的主要原因。

建筑物上的避雷针可以预防建筑物受到雷击,从而起到保护作用。而在生活中,避雷针效应的作用就是帮助人们释放压力、发泄怒气,让自己的心情不受负面情绪的影响,使自己时刻保持清醒,才能做一个优雅有气度的人。

在沟通中,难免会遇到很多让我们生气愤怒的事情,这个时候千万不要把负面情绪憋在心里,而是要懂得利用避雷针效应,将这些负面情绪排解出去。只有及时地疏导内心的负面情绪,才能更好地与别人沟通,才能全心全意地参与到合作中去,才能在面对决策时做出更好的选择。

第十四章　突破心理障碍的心理策略

1. 定式效应:别把自己的思维定格在陈旧的相框里

思维定式,也称“惯性思维”,是心理学上的一种概念,它指的是人以前积累的思维活动、经验、教训和已有的思维规律,会在反复使用的过程中形成一种比较稳定的思维模式。简单来说,就是我们常常会因为过去的经验而形成固定的想法与认知,并用其来衡量新事物,应用到以后的生活中。

朋友是一家服装店的老板,春天,店里进购了一批春秋款运动套装,虽然不是什么大牌制造,但是质量非常好,样式简洁大方,售价也不贵,按理说应该会大卖才是,但是这一批物有所值的衣服却始终无人问津,怎么也卖不动。

朋友想了很多办法来推销这批服装,把它们挂在店里最显眼的位置,甚至在原本就并不贵的价格上再打折扣,还附送一些吊坠之类的小饰品,但是都收效甚微,仍然没有卖出去多少件。

最后,朋友对这批衣服没辙了,看见它们就心烦,于是在去外地进货的前一天晚上,终于下定决心:即使亏本,也要把这批货处理掉。

第二天,她给店员留了一张字条,让店员将那批衣服以二分之一倍的价格处理掉。几天之后，朋友进货回来，发现那批衣服果真被卖光了，心里不知是该高兴还是该失落。

店员看到朋友并不高兴，大为疑惑，便问她："老板，这批衣服以这样的价格卖掉，您难道不该高兴吗？"朋友听了，气不打一处来："怎么高兴？我亏了这么多钱，还叫我怎么高兴！"店员一头雾水，说："怎么会亏本呢？我可是以两倍的价钱卖出去的呀！"

朋友听了非常惊讶。原来，因为朋友当时急于把这批货卖出去，心情烦躁，留下的字条上字迹太过潦草，店员没有看清她写的字，以为是要把这批货以两倍的价钱卖掉，于是便把价钱提高了两倍。结果，提价后的衣服竟大受欢迎，很快就被抢购一空了。

为什么价钱便宜的时候衣服无人问津，等到价格提上去以后却变得炙手可热了呢？其实是因为这些顾客受到了思维定式的影响。很多人都认为价值与质量成正比，越是昂贵的就越是好的，他们不了解衣服的真正价值，但是当他们看到衣服高昂的价格时，就下意识地认为这些衣服很上档次，质量很好，物有所值。

现在，有很多精明的商家都像朋友无意中所做的那样，故意利用人们这种思维定式，抬高销售价，让人们觉得这种商品非常珍贵，吸引人们前去购买。这种招式总是屡试不爽，人们总觉得价格低的商品都是质量差的，只有价格高的商品用着才放心。因此，一举两得，买家觉得心里踏实，商家赚得高额利润。

思维定式是心理学中的一个专有名词，又叫作"惯性思维"，它指的是，人们在认知新事物的时候，总是会受到以往经验、知识的影响，形成一种主观上比较稳定的思维模式。

比如，城里的孩子从来没有去过乡下，他们会从大人的口中得知乡下人都不懂礼貌，不讲卫生，没有知识，吃不好也穿不好，形成固有的一种形象后，当城里的孩子见到穿着破旧的人就会认为他们是乡下人。

比如，在人们心里，读书人都是文质彬彬的，五大三粗的人都是干苦力的，男生都是豪迈粗犷的，女生都是温柔娇小的；他们认为老年人都比较严肃、古板，年轻人都比较冲动、大胆；一提到浪漫就会想到法国，一提到严谨就会想到德国。

再比如，你看到一个不修边幅、穿着邋里邋遢、走路没有正形的背影，你猜这人是从事什么职业的呢？我想，百分之九十以上的人都会认为这就是一个无所事事的宅男，根本不会往“这是一位律师”方面去想。因为在大家既定的思维模式中，律师都是那种精英范儿，应该是西装笔挺、身材挺拔、正气凛然、利落干脆的形象。这些就是典型的思维定式。

思维定式具有积极的作用，在大环境不变的前提下，头脑里积累一定的知识、经验，可以使我们使用已掌握的方法迅速解决问题，让我们在认识同一类新的事物时，不再需要长时间地摸索。

但有时候这种思维定式也会禁锢我们的思想，因为事物总是在不断变化的，如果总是用老眼光看人，用旧方法做事，就会在认识上出现偏差和失误，像“刻舟求剑”讲的那样。

我们来讲讲著名心算家阿伯特·卡米洛的一次失误，在此之前从没有失算过的他，一天上台表演时，有一个观众给他出了一道难题，那位观众说道：“有一辆火车，从初始站出发的时候车上载着 300 名旅客，到了下一站时有 98 人下车，76 人上车；下下一站又下去 63 人，上来 100 人；再下一站又下去 52 人，上来 88 人；再再下站又下去 35 人，上来 20 人……请问，这辆火车……”

那位观众一连说了很多个数字，还没等观众把问题说完，阿伯特·卡米洛便自信地答道：“这个问题太简单了，让我来告诉你吧，这辆火车上现在还有 236 个人。”

“不，先生，”观众拦住他说，“我并不是要问您这个问题，我问的是这辆火车一共停了多少个站台。”

阿伯特·卡米洛呆住了，过了很久他也没能答出这个问题，因为他从一开始就觉得这个问题问的是火车上剩余的人数，从没注意到别的信息。

卡米洛的失败，就是败在了思维定式上，他走进了死胡同。如果当时他稍微耐心点，思考一下，不要那么想当然，也许结果就会大大不同，就像下面这个例子一样。

1952 年前后，日本经济不景气，东芝电气公司积压了大量的电风扇卖不出去，全公司上下 7 万名员工绞尽脑汁，集思广益也没能想出一个好的方法把风扇销售出去。

不久之后的一天，一名小职员提出了一个建议：把电风扇的颜色改变一下。在当时，不仅仅是日本，全世界的电风扇颜色都是黑色的。这个职员提出一个大胆的想法，把黑色变成浅色。

公司的各级领导经过商讨，最终决定死马当作活马医，采纳了这个建议，把所有的电风扇改为了浅色。没想到，这种浅色的风扇一经推出便大受欢迎，很快就销售一空。从此电风扇的颜色便不再只是黑色一种了。

只是稍微改变了一下颜色，竟带来了如此巨大的收获，使原本滞销的电扇变得畅销无比，这么简单的想法为什么东芝公司其他的那些有经验、有知识的职工没有想到，却被一个入职不久、丝毫没有经验的员工想到了呢？这是因为，自从那些员工入行以来，接触到的电风扇就都是黑色的，虽然没有谁规定过电扇一定得是黑色的，但第一台是黑色的，后人便效仿着做下去，渐渐地就变成了一种不成文的规定。所以在他们的心目中电风扇就应该是黑色的。在这样的思维定式下，人们就很难去创新，摆脱思想上的束缚。

所以说，突破思维定式是很重要的一件事情。那么，我们应该如何去突破呢？

首先，让自己充满想象力。想象力的重要性无人可比，知识是创造的基础，而想象力则是创造的动力，是最大的影响因素。只有拥有想象力，才能有进步，才能有创新，让自己摆脱原有的思维模式。孩子为什么接受能力那么快？就是因为他们拥有丰富的想象力，不会把自己束缚住，世界是多种多样的，一切在他们看来都是充满可能性的。

其次，要注意培养发散性思维。遇到问题要从多个角度去思考，要坚信答案不止一种，把思维不断向外发散，寻找更多可能性。

最后，要培养强烈的求知欲。好奇心是人们行事的最大动力，只要人们对某件事充满好奇，充满探索的欲望，就会产生很多积极的创造性思维。当你想做某件事情的时候，你就会想尽各种办法去做好它，所以我们需要培养和激发自己的求知欲望。

2. 韦奇定律：别在他人的怂恿下轻易改变自己的初衷

当你做了决定，有一位朋友提出了反对意见，你不会放在心上，但如果十位朋友都提出了反对意见，你可能开始犹豫了，如果有更多人提出反对意见，此时，你开始怀疑自己，甚至思维混乱，很难再继续坚持自己的决定。即使我们本身并没有做错，但是在众人的议论下，也可能会改变自己的初衷。

美国洛杉矶加州大学经济学家伊渥·韦奇曾提出：即使你已经有了自己的看法，但如果有十位朋友的看法和你相反，你内心就会开始动摇。这种现象被称为“韦奇定律”。

有这样一个寓言故事。

在一片繁茂的大森林里，住着很多可爱的小动物。每个小动物都有它们各自的本领，它们在森林里生活得自由自在。其中有一只漂亮的喜鹊，它是喜鹊族群里长得最美的。这只喜鹊住在一棵高高的大树上，每天清晨，它都会用清脆嘹亮的歌声唤醒整片大森林，提醒小动物们赶快投入一天的辛勤劳动。

这天清晨,喜鹊又开始站在树枝上唱歌,准备叫醒森林中的小动物,不过今天喜鹊的歌声要比之前的每一天都优美动听,充满热情,因为它下了几个蛋,很快就要有自己的喜鹊宝宝了。

喜鹊站在自己的小窝门口,开心地唱着歌,幻想着即将孵出的喜鹊宝宝,完全没有意识到危险的来临。一只肥胖的凤冠鸠闪电一般快速地冲到喜鹊的面前,围着喜鹊绕了几圈,然后落在喜鹊的门前,大声叫道:“臭喜鹊,赶紧离开这儿,这儿是我的家,快走!”

喜鹊很纳闷,也很生气:“这儿怎么可能是你的家,明明是我家,我已经在这儿住了好几个月了,而且现在我的孩子还在家里面!”

可凤冠鸠不依不饶,还是不停地喊着:“我说是我的就是我的!你赶紧离开这儿!”边说边扑棱着翅膀,想要把喜鹊赶下去。喜鹊没有防备,被凤冠鸠一翅膀拍到了树下。喜鹊望了一眼自己的家,气愤极了,它决定去南部找自己的亲戚帮忙赶走这只坏凤冠鸠。

喜鹊这一去一回就是大半个月,等它带着亲戚飞回到原来的家时,之前的邻居都不认识它了,也没人和它打招呼,喜鹊难过极了。它飞到小窝里,看到小喜鹊已经出生,惊喜地上前想要拥抱自己的孩子们,可是小喜鹊惊慌地后退,它们根本不认认自己的妈妈。

抢占喜鹊窝的凤冠鸠,得意扬扬地站在门口,对着小喜鹊说:“乖孩子,我才是你们的妈妈,你们要乖乖听话!”

喜鹊伤心极了,它激动地对小喜鹊们说:“孩子,我才是你们的妈妈!”但是小喜鹊不相信,吓得直往凤冠鸠的身后躲。

周围一群小动物在看热闹,喜鹊着急地向众人解释:“我才是小喜鹊的妈妈! 是它抢了我的房子和孩子!”

可是没有人相信它,小动物们叽叽喳喳地说:“凤冠鸠半个月前就住在这里了,孩子也是凤冠鸠的,它们每天一起捉虫子,你怎么可能是它们的妈妈呢?”

还有小动物说:“对啊,我们都没见过你,孩子就是凤冠鸠的,不是你的,房子也不是你的。”

大家七嘴八舌地吵闹着，喜鹊又着急又愤怒，最后，连喜鹊的亲戚也说："喜鹊你是不是记错了，这个不是你的房子，你出门这么久，可能找错地方了。"

喜鹊感到很茫然，它抖了抖翅膀，转身跟亲戚飞走了。一路上，它一直在疑惑，难道真的是自己记错了？这里真的不是自己的家吗？

寓言中的喜鹊，原本坚信房子是自己的，小喜鹊是自己的孩子，可是由于身边所有的小动物都告诉它，房子和孩子是凤冠鸠的，甚至后来喜鹊的亲戚也怀疑它记错了，所以喜鹊自己也开始动摇，觉得房子和孩子可能真的不是自己的。我们有时不也和这个喜鹊一样，明明已经有了主见，并相信自己的想法绝对是正确的，但是由于身边越来越多的人质疑我们，慢慢地，我们不禁开始动摇，无法坚持自己的想法。

人一生中要做无数次决策和改变，小到出行、购物，大到结婚、择业等，这些选择很多情况下并不是我们内心原来的选择，而是受到身边人的影响才做出的选择。人是群居动物，谁也不能超凡脱俗，完全不在意别人的看法和意见，一旦在意了，就必然会受到韦奇定律的影响，忘记自己的初心，不由自主地跟从大多数人的选择。

不可否认的是，我们在听取别人的意见时，可以帮助我们掌握更多的信息和资料，对我们接下来的决策可能会起到一定的参考作用，但如果过多地听从别人的意见，会导致自己的思维混乱，难以坚持原来的选择，影响自己的主见。

许多成功人士为什么能够避免受到韦奇定律的影响？就是因为他们比别人看得更远，比别人站得更高，也比别人更加坚定，即使自己的决策受到大多数人的质疑，也有自信坚持自己的选择，不会动摇，不会放弃。

我们如果要克服韦奇定律的消极影响，就要不忘初心。不过，所谓的坚持自己，并不是让我们固执己见、刚愎自用，而是要客观地分析现状,用理性思维和客观事实来确定自己的选择,自信而不自负,听从而不盲从,这才是最好的决策方法。

3. 跨栏定律:跨越人生的缺陷和困难,你就能牵手成功

"越长大,越孤单",越长大不仅越孤单,而且烦恼还越来越多。小时候,什么也不用想,在父母的保护下无忧无虑地成长就行了。长大了,见得多了,思考得多了,独自面对的困难也多了,经过一次次的跌倒、一次次的爬起,才能到达人生的巅峰。

跨栏定律也被称为跨栏定理,最早是由阿费烈德提出的。据记载,阿费烈德是一位非常著名的外科医生,他参与过很多高难度的手术,在医学领域取得了很大的成就。一次,他在解剖尸体时发现了一个奇怪的现象:一些病人的器官并不像人们想象中的那么糟糕,衰败不堪,相反,这些器官比有些正常人的器官还要健康。因为在与疾病的多次抗争中,患病器官为了抵御病变,要比正常的器官更加努力地生存,所以它们往往比正常的器官机能更强大。

阿费烈德最初是在一个患有肾病的患者的遗体中发现这一现象的,当阿费烈德从病人的遗体中解剖出那只患病的肾器官时,发现它并没有萎缩衰败,而且比另一只没有患病的肾器官的功能还要强大。基于这种现象,阿费烈德又选择其他患有疾病的遗体进行解剖,他发现,无论是心脏、肝脏还是其他器官都存在这种类似的现象,这让他非常激动,他根据这种现象发表了一篇论文。

在论文中,阿费烈德从医学角度着重分析了人体患病器官的异常。他认为患病器官由于长时间与病毒做斗争,来维持人体的基本机能,致使患病器官的各项功能不断增强。如果有两只相同的器

官,其中一个器官死亡之后,另一只器官就会代替死亡的器官,承担起两个器官的责任,从而变得更加强健。

得出这个结论之后,阿费烈德做了进一步深入研究。他发现,当他给美术生进行治病时,也遇到了类似的情况。这些美术生,视力比普通人要弱得多,甚至很多美术生不是弱视就是色盲,奇怪的是,这些人竟能够从事美术方面的专业。之后,阿费烈德又做了多次实验,他发现很多颇有成就的艺术家或多或少都有一些生理上的缺陷,但是这些缺陷并没有阻止他们走上艺术道路,他们反而比一般人取得了更高的成就。这些研究与实验,验证了阿费烈德的推论。

阿费烈德从这一病理现象开始将理论延伸到社会现实中,把思维触角散发到更加广阔的范围。后来阿费烈德把这一现象称为"跨栏定律",而这一定律也成为经典的心理学效应之一。

心理学家对跨栏定律的解释为:当一个人遇到的困难越大,那么他所取得的成就也就越大。就好像竖在人们面前的跨栏一样,跨栏越低,人们使用的力气就越小,跨栏越高,人们使用的力气就越大,跳得也越高。

比如,盲人的听觉、嗅觉等都要比普通人更加灵敏,因为他们的这些感觉需要弥补视觉上的缺陷,所以在不断的进化中,逐渐增强了这些器官的机能;比如一些失去双臂的人,他们的双脚更加灵活,或者平衡感更好,因为他们的双腿要代替双臂的工作,维持身体的平衡,所以需要承担起双臂的责任,起到维持平衡的作用。

我们常说,上帝为你关上了一扇门,就会为你打开一扇窗。在人的一生中,挫折和机遇总是交替出现的,挫折不会被我们吓跑,只会被我们打败。即使困难的程度远超我们的想象,但是身处逆境之时,每个人的潜能都是无限的,甚至在很多特殊的情况下,人们可以激发出超乎想象的巨大潜能。

英国前首相布朗,年轻时热爱运动,橄榄球打得好,网球也打得很不错。16 岁那年,在布朗即将进入爱丁堡大学时,在一次橄榄球比赛中,不幸出了事故,导致左眼视网膜脱落。他连续做了三次手术,均以失败告终,左眼的视网膜被摘除了,他的左眼也从此彻底失明,右眼的视力也急剧下降。

沉重的打击让布朗心灰意冷,也让他更加珍惜眼前的时光,总怕哪一天自己完全看不见东西了。一天,在跟哥哥玩射击的时候,他击中了目标。哥哥替他开心,说:“上帝替你蒙上了左眼,你可以心无旁骛地用右眼瞄准,你比我有优势。”这句话让布朗的内心充满了力量。

后来,布朗不仅以优异的成绩读完了大学,获得博士学位,32 岁那年进入国会,46 岁成为英国财政大臣,56 岁接任英国首相。每次对手借盲眼嘲笑他时,布朗都自豪地说:“上帝蒙上了我的左眼,就是希望我能专注于毕生的事业。”他还给青年以忠告:“每一个经历都在塑造你。在逆境中坚持下去,不要被击垮。”

人生没有一帆风顺的,不是逃开一个困难就一马平川了,未知的前途中还有无数个困难等着我们去解决。不要因为一时的厄运或者不幸就故步自封,也不要因为一时的失落或者愤懑就自暴自弃。真正的强者是在面对困难的时候,依然能够坚定地与之战斗,坚持自己前进的步伐,毫不退缩,从逆境中找到光亮,完成自己的目标。就像患病的器官一样,只要我们能够学会磨炼自己,不断地和困难做斗争,调整自己的心态,就能锤炼出一颗更加坚强的心。

没有谁生下来就是天才的,凡是被认为天才的人,在背后一定付出了比别人多得多的努力。我们只看到别人的光芒,却不知人家克服了怎样的困难。所以前人才总结出那句话:“要想人前显贵,必定人后受罪。”是啊,世界上哪有不经历风雨就出现的彩虹呢?历史上有多少被称为天才少年的人,不知努力,最后“江郎才尽”,一事无成。

人生最可怕的不是遭遇失败、面临险境,而是在面对人生的瓶颈时，没有足够的勇气和毅力来扭转局面、改变现状，只知道逃避现实、畏首畏尾，不敢直面阻碍、勇敢前进。只要我们能够有足够的信心去战胜挑战，想方设法打破阻碍，勇于跨越面前的阻碍，就能取得更大的成就。

4. 杜根定律：自信是成功者必要的心理素质

范德比尔特说过："一个充满自信的人，事业总是一帆风顺的，而没有信心的人，可能永远不会踏进事业的门槛。"的确，一个人连自己都不相信，谁还能相信你，又怎么可能做成什么事呢？成功是自己拼搏出来的，想要成功就要有战胜一切的信心。

在这个世界上，能力强大的人不一定都是最终的胜利者，因为一山更比一山高，但是胜利一定属于自信的人。换句话说，你如果仅仅接受最好的，最后得到的就总是最好的；如果你总是想"差不多就行了，只要不是最坏的就满足了"，那你得到的一定不是最好的。这就是心理学上的"杜根定律"。

杜根定律，是由美国职业橄榄球联合会前主席 D. 杜根提出的，他认为：强者未必是胜利者，而胜利迟早都属于有信心的人。

一个人想要做成一件事，85% 取决于态度，15% 取决于智力，所以态度是非常重要的。如果你有强烈的自信心，认为自己能够成功，那么你就会朝着目标努力，成功的概率就会很大。可以这么说，一个人的成败取决于他是否自信，而不是取决于他的能力。如果一个人总是怀着深深的自卑感去做事，那么这种自卑感就会不断地消耗他的精力，磨灭他的意志，越来越绝望，希望也就越渺茫。

关于杜根定律有这样一个故事。

有一个人由于工作的关系需要经常出差,但他常常因为各种各样的原因买不到坐票,奇怪的是,不管他出差的路途是远还是近,不管车上有多少乘客,他总能找到空闲的座位。

这就有趣了,他是如何做到的呢？其实很简单,那就是耐心地一节车厢一节车厢地找过去。这个办法听上去似乎又笨又蠢,然而不得不承认,它确实很管用。有时候,我们也会这样做,只是没有像他那样每次都能找到座位。因为他每次寻找座位时,都做好了从第一节车厢走到最后一节车厢的准备,怀着这样的想法,他并不需要走到最后一节车厢就能找到空位。这也是为什么他每次都能找到座位,而别人不能,因为像他这样锲而不舍地找座位的乘客实在不多。

这个经常出差的人,还发现一个有意思的现象,就是在他找到座位的车厢里,经常还空着许多座位,没有人坐,而其他车厢及车厢连接处却聚满了人。这是因为大多数乘客走过几节车厢之后,被人满为患的假象迷惑了,不相信其他车厢还有空位,也不会再去尝试。试想一下,每个停靠点的人上上下下,会空出多少个位置,只是人们都不愿意花时间也没耐心去寻找。他们在一块小小的地方站着或者靠着,至少还有个依靠的地方,万一拉着行李去找座位,没有找到座位,反而把现在站着的地方也丢了该怎么办呢？所以他们满足于现状,觉得很值得。

这种没有自信寻找座位的人,很像生活中那些安于现状、不思进取的人。他们得过且过,害怕失败之后连现在安逸的生活也失去了。这种人和那些不愿意主动寻找座位的乘客一样,只能勉强待在一个地方,即使浑身不舒服也不愿意做出改变。

很早之前,人们就在梦想着完成一个看似不可能的目标,即4分钟内跑完一英里。为了实现这个目标,人们想尽了办法来加速自己的跑步速度,甚至让狮子追赶人们,希望恐惧能让人们超常发挥,但是这个方法并不可行。人们又想到喝虎奶,通过增强身体素质以达到提高跑步速度的目的，但依然没有达到目标。

于是很多人开始断言：想要在4分钟内跑完一英里是不可能的。因为人体的骨骼、肺活量等因素都有先天限制，加上跑步时风的阻力，所以根本不可能完成这个目标。于是，人们放弃了。在他们心里，已经认定这是一项无法挑战的项目，没必要再浪费时间训练了。

但是，有一个人始终没有放弃，而且一直为突破4分钟极限默默训练着。他就是著名的罗杰·班尼斯特。1954年5月6日，他打破了世界纪录，以3分59秒04跑完了1英里。

令人意想不到的是，在这项纪录开创不到一年的时间，连续有300名运动员完成了这项挑战。当班尼斯特成为第一个突破4分钟极限的人之后，人们开始相信4分钟跑完一英里不再是异想天开，而是真的可以做到的一件事。于是，人们恢复自信，越来越多的人完成了挑战。因为他们相信，班尼斯特能够做到，自己也照样能够做到。如果不是因为他们有着这样的自信心，是不可能创造出奇迹的。

看了这个故事，我们可以知道，自信多么重要。如果面对困难，我们首先想到的是“怎么这么难？我能做到吗？”这种不自信的心态就是失败的先兆，想想看，一边怀疑，一边做事，怎么可能成功呢？

从心理学上来说，一个人的不自信会给自己带来强烈的自我暗示，时间久了，人们就会相信自己确实不可能做到的事实。同样，自信也是一种心理暗示，当我们每天提醒自己“我能行”“我很棒”时，这种积极的态度慢慢融入我们的思想、我们的行动中，就会让我们的自信心不断加强，变得无所畏惧。

每个人都想要获得成功，但并不是每个人都能够一帆风顺地到达成功的彼岸。上天给我们设置了一个又一个难题，既让我们感受解题的痛苦，也让我们历尽千辛万苦，获得成功之后那种无与伦比的快乐。

5. 蜕皮效应：不断突破自我

不断地超越自我，才能取得更大的成功。这就是美国著名作家迪斯提出的“蜕皮效应”。它告诉我们这样一个道理，昨天已经过去，今天将要比昨天做得更好，才不辜负今天的自己。

有一个生活穷困潦倒的人，每天无所事事，整天做着发财的大梦，后来他听说做销售员可以赚到很多钱，于是他便去做了一名销售员。可是，成为销售员之后，他也不知努力，整天坐在办公室里等着客户上门，天上掉下个“大订单”。所以他的业绩不好，就算有客户主动上门，也不会找他签单。看着其他人的业绩不断提升，他十分嫉妒，开始抱怨老天不公，认为自己怀才不遇，被命运捉弄。

渐渐地，他对于销售工作也失去了信心，只想着混一天是一天吧。圣诞节前夕，他看着家家户户张灯结彩，喜气洋洋，大街上到处都是穿着华丽的人，与朋友或家人一起高高兴兴地唱歌跳舞。而他，只能孤零零地一个人坐在公园的长椅上，喝着廉价的啤酒，回忆着自己的悲惨生活。

他想起来去年这个时候，他同样坐在这里，也是孤单一个人，喝着啤酒度过了圣诞节。今年，估计也要和去年一样，没有新衣服穿，没有新鞋子穿，没有丰盛的晚餐，只能喝一罐廉价的啤酒，就当过节了。

想着想着，他不由得唉声叹气起来：“看来今年我又要穿着这双旧鞋子度过圣诞节了。”他又难过又愤怒，于是就准备脱掉脚上的旧鞋子，扔了它。就在这时，有一个人坐着轮椅，微笑着从他面前经过，向周围的人推销圣诞礼物，而那个人，只有一只脚。这个穷困潦倒的流浪汉突然醒悟:“即使只能穿旧鞋子,也是一件幸福的事啊,这世界上还有人连穿鞋子的机会都没有!”

经过这样的刺激,他有些懊悔自己从前的生活,因为世界上还有那么多比他更不幸的人,依然微笑面对生活,而他有手有脚,四肢健全,却没有人家努力,也没有人家坚强。于是他开始改正自己身上的不良习惯,摆脱从前萎靡不振的态度,脱胎换骨,发愤图强,成为公司里最勤奋的一个人。

不久之后,他的努力终于得到了回报,销售业绩直线上升,多次受到领导的表扬,同时也受到同事的认可。后来,他从这家公司辞职,开办了属于自己的销售公司,拥有了更多的财富。

面对挫折和沮丧,大多数人会选择退缩,认为前面没有光明和希望,但其实只要我们能够坚持前行,努力奋斗,很有可能下一次就突破自己了。

我们都知道爱迪生在研究电灯时,做过无数次实验,付出了巨大的努力。当时,工作难度之大出乎意料,他需要把1600种材料制作成各种形状,用来做灯丝,但效果都不理想。要么是灯丝的寿命太短,没有使用价值,要么是制作成本太高,无法大量生产。

得知爱迪生在研究电灯的时候,所有人都期待着他能够成功,可是当失败的次数越来越多,人们渐渐地不再关注,半年之后,大部分人已经彻底失去了信心,甚至怀疑爱迪生根本不可能研究出电灯,一切都是他异想天开。当时的纽约报纸发表评论说:“爱迪生的失败现在已经完全证实,这个感情冲动的家伙从去年秋天就开始进行电灯研究,他以为这是一个完全新颖的问题,他自信已经获得别人没有想到的用电发光的办法。可是,纽约的著名电学家们都相信,爱迪生的路走错了。”

接着,爱迪生的研究工作不断受到那些失望透顶的人的阻拦。英国皇家邮政部的电机师甚至公开发表演讲,质疑爱迪生的研究,他明确指出,对于爱迪生提出的将电流分到千家万户,并且用电表来计量数据的想法,根本就是一种幻想,是不可能完成的事。而煤气公司的领导害怕煤气灯被淘汰,他们鼓惑人们说,爱迪生就是一个吹牛不上税的大骗子,照明只能依靠煤气灯。

即使全世界的人都在质疑爱迪生的研究,但是爱迪生本人却不为所动,仍然默默继续着自己的研究。尽管受到多位知名科学家的质疑,但是爱迪生始终相信自己,一定可以实现最初的设想。终于,在无数质疑声中,经过一年的时间,依靠自己的不断突破和努力,爱迪生发明了能够持续照明45 小时的电灯,而这项研究发明也让人类真正进入电气时代。这次实验不仅完成了人类生活上的一次超越,也完成了他对自己的突破。

人的一生,最大的竞争对手不是敌人,而是自己;人们最难战胜的不是别人,而是自己。人类成长的过程就是不断否定自我,又不突破自我的过程,这其实就是蜕皮的过程。在蜕皮的过程中,虽然免不了痛苦和艰辛,但是一旦跨过了这一步,蜕皮成功,迎来的将是更加美好的未来。所以,当我们面对困境和逆境时,一定要坚持自我,只有这样,我们才能突破极限,成为更好的自己。

第十五章　我国古代的微表情识人术

1. 管仲的人物鉴定法“观人术”

中国有一个非常出名的成语“管鲍之交”，讲的是著名政治家、军事家管仲和鲍叔牙的故事，管仲曾言：“生我者父母，知我者鲍子也。”

管仲在青年时期就与鲍叔牙交好，当时管仲家里非常贫穷，还要奉养年事已高的母亲。鲍叔牙为了帮助管仲改善生活，便拉着他一起做生意。因为管仲没有钱，所以本钱全由鲍叔牙一人所出。过了一段时间，两个人做生意赚了钱，拿分成时，管仲拿得却比鲍叔牙多。

鲍叔牙的仆人知道了，就不高兴地说：“这个管仲真是没有礼貌，出本钱的时候不见他这么积极，到了分钱的时候却很积极，拿得比我们主人还多！”

鲍叔牙呵斥仆人道：“住嘴！管仲家境不好，还有母亲需要奉养，多拿一点也是应该的，没有关系。”之后，鲍叔牙待管仲依旧很好。

有一次，鲍叔牙遇到一件难事，管仲替他出谋划策，结果并没有解决问题，反而将事情弄得更加糟糕。但是鲍叔牙却不认为管仲不够聪明，而是说时机不利于他，丝毫没有怪罪管仲。

后来鲍叔牙为齐国的公子小白做事，而管仲却站在了另一位公子纠一边。齐僖公去世后，太子诸儿继承王位，即齐襄公，此人不务正业,每天吃喝玩乐,昏庸无度。鲍叔牙预感到这样的君主一定不能服众,齐国必会发生内乱,就带着公子小白逃到莒国,管仲也很有先见之明,带着公子纠逃到鲁国。

后来,齐襄公果然被人杀死,齐国发生内乱。各位公子为了争夺王位而展开厮杀,管仲知道公子小白是最大的竞争对手,便想杀死公子小白让公子纠顺利登上王位。可惜管仲在以暗箭刺杀小白的时候,箭射偏了,小白侥幸逃脱,并且比他们更早地回到齐国,即位为王。这位公子小白,就是日后位列春秋五霸之首、大名鼎鼎的齐桓公。

公子纠在王位争夺战中以失败告终,他身边的谋臣都被打入大牢,很多英勇之士不愿受辱选择自裁,而管仲却在大牢中忍辱负重,苟且偷生。很多人骂他无耻,鲍叔牙却说,他是不拘小节、荣辱不惊。

小白即位后,打算封鲍叔牙为宰相,鲍叔牙却对齐桓公说:“我认为宰相有一个更好的人选,他各方面都比我强,那就是管仲。”

鲍叔牙向齐桓公介绍管仲的才华,齐桓公听了之后,便不计前嫌,请管仲回来任宰相,而齐国也真的在管仲的辅佐下越来越强盛。

很多人看了管仲和鲍叔牙的故事之后,都称赞鲍叔牙的义气、智慧以及识人之明,但是在我看来,真正会看人、会用人的是管仲。鲍叔牙就像伯乐,他欣赏所有有才华的人,愿意给他们机会。只有管仲,独具慧眼,一眼就看出鲍叔牙是一个宽容、仁善、有作为、讲义气的人,并且一直与他交往,成为他最信任、最欣赏的知己好友。

历史上,管仲的确是个非常有才华的人,姬姓,是周穆王的后代,是春秋时期法家的著名代表人物,是中国古代著名的政治家和军事家,有“法家先驱”“圣人之师”“华夏第一相”等美誉。

他在任齐国宰相期间,辅佐齐桓公实施了一系列强国政策,使齐国在短时间内迅速成为春秋时期的最强国,并且一举称霸诸侯国。而他之所以能够有此作为,顺利将自己的各种想法一一实践,很大程度上得益于他的识人之明。

管仲会用人。他所选举的每个人都发挥了独有的才能，从未失误地将重任交到庸才手中。正是因为他观人有术，才能够让很多政治措施按照他的思路施行开来。

而管仲在他撰写的《管子》一书中的《形势篇》里就将他独特的观人之术详细地记载了下来。

（1）“訾讆之人，勿与任大”

“訾”同“恣”，狂妄的意思，管仲这句话是说，不能把重任交给狂妄自大、恣意妄为、嫉妒心强的人。

嫉妒心强的人，心理很容易失衡，而且骄傲自大，没有容人之量，待人处世无法做到客观、公正，报复心极强，鸡毛蒜皮的小事也会怀恨在心，找机会便咬人一口。所以，重要的事情一定不能交给嫉妒心强的人去做。

（2）“抚巨者，可以远举”

“抚巨者”是指能够拟订远大计划的人，管仲认为这类人思路清晰，眼光长远，可以共商大计。

这句话放到现在同样适用，生活上可以安排好自己的计划，工作上可以清晰地做出职业规划，这类人眼光长远，有先见之明，可以委以重任。那些贪图眼前利益、鼠目寸光的人是不堪重用的。

（3）“顾忧者，可与致道”

顾忧者，指的是能够常常回顾过去，检讨自己所做之事是否存在忧患，这样的人很有责任感，可以和他走在一条路上，让他担任要职。

经常进行反思反省的人，必定会不断总结、不断创新，把目光放在更远的地方，不断地提高自己，正是职场中最需要的人才。

（4）“其计也速，而忧在近者，往而勿召也”

急功近利，只追求成效，而不考虑计策的可行性，这种人不能重用，应当疏远他。

好大喜功、做事盲目的人是不可能有大成就的，切记“一着不慎，满盘皆输”。只有有长远的思路和规划，做好万全的准备，确保万无一失才是正确的做法。

(5)“举长者,可远见也”

有先见之明,懂得追求长期利益的人,是大器晚成之人。

放长线、钓大鱼,有时候做人、做事要懂得韬光养晦,不必急于求成。大器晚成之人更为稳重,更值得信任。

(6)“裁大者,众之所比也”

坚决执行大计,为大众着想的人,必然会受到大众的敬重。

任何决策都只有得到群众的支持才能够顺利执行,所以,有决断力、为大众着想的人要重用。

(7)“美人之怀,定服而勿厌也”

意思是说,要想判断一个人是不是可堪大用,绝对不能光看其眼前的功劳。

俗话说“路遥知马力,日久见人心”,只有长期观察,才能真正了解一个人的能力。

(8)“必得之事,不足赖也”

对所有人与事,从不评论的人不值得信赖。

盲目自信,听不进别人的意见,这样的人一定不要对其寄予厚望。他们做事不踏实,过分高估自己,做事轻率,不负责,很容易出错。

(9)“必诺之言,不足信也”

轻易许诺的人,不能随便相信。

生活中总有一些人,遇到事情就说:“放心交给我,我一定办得好。”结果却常常自己被打脸,一拖再拖也完不成。需要认清这样的人,远离他们。

(10)“小谨者,不大立”

谨小慎微、拘泥于小节的人很难有大的作为。

做事缩头缩尾,逮到一个细节就不放的人一般不会有什么成就,他们太过斤斤计较,总是钻牛角尖,不撞南墙不回头,这样的人会严重耽误进度，影响事情的结果。

(11)“訾食者，不肥体”

偏食的人身体都不结实。管仲这句话是说，偏执的人不会有大的成就。

偏执的人，大多都眼光狭隘，认定了一个目标或者方法十头牛都拉不回来，这样的人，脾气暴躁，很难合作。

(12)“有无弃之言者，必参于天地也”

不说废话的人，一定能够立于天地之间，有大作为。

祸从口出，话多的人总会一天会马失前蹄，说了不该说的话。所以，不说废话、果断利索的人是值得信赖的。

这些就是管仲的观人术，时至今日，仍然适用。这套方法，既可以用来识人，也可用来自学，让自己变成管仲口中说的贤者，受到别人的信赖。

2. 吕不韦的“八观六验”

人不是完美的，也不是全能的，不可能什么都懂，哪方面都擅长。比如说，有的人在一个公司碌碌无为，工作好几年还是个小职员，可跳槽到另一个公司之后，没多久就升职了，还成为得力干将。这可能是他自身具有潜力，但也有可能遇见了一位善于发掘他长处的领导。要知道，有千里马，还需有伯乐。

吕不韦本是卫国人，后来在韩国经商，在商界闯出一片天地，富甲一方。后来，又因慧眼识英雄，拥立子楚登上王位，而他身居宰辅之职，一时间声名威震天下。

无论是作为商人还是宰辅，吕不韦都是非常成功的，这并不是运气，在那个动乱的年代，能做到如此地步，岂是一件容易的事？那么吕不韦是怎样脱颖而出的呢？

那是因为吕不韦有一套成熟的、实用的用人之道，他懂得挖掘每一个人才，能够判断出那个人是否可堪重用，更懂得如何让每个人发挥出最大的价值。吕不韦把这一套宝贵的人物鉴定知识，系统而完备地记入了他主持编撰的《吕氏春秋》中的“论人”一篇中，我们称之为“八观六验”。

八观

通则观其所礼，贵则观其所进，富则观其所养，听则观其所行，止则观其所好，习则观其所言，穷则观其所不受，贱则观其所不为。

六验

喜之以验其守，乐之以验其僻，怒之以验其节，惧之以验其持，哀之以验其人，苦之以验其志。

八观，就是依据人在不同环境的表现来识才。

一是通则观其所礼。这句话的意思是，当一个人风光无限、一帆风顺之时看他对别人的态度是否彬彬有礼。

俗话说“小人得志”，有些人或许在处境不顺、生活困难，或者需要别人帮助的时候，待人待物都非常有礼貌，很和善，做事业勤勤恳恳，让人感觉他是一个非常有教养、有素质的人。一旦他们取得了一点小成就，认为自己一步登天之后就会扬扬得意，忘乎所以，用鼻孔看人，连曾经帮过他的人也不放在眼里。如果一个人不管在什么处境下都表现波澜不惊、态度谦和，那他就是一个值得信赖的人，否则还是敬而远之为好。

二是贵则观其所进。这句话是说，当一个人身处要职时，看他会推荐什么样的人。

这句话在职场当中非常受用。当一个人有了决策能力之后，如果任人唯亲，或者只重用那些拍他马屁、阿谀奉承的人，那么这个人还是不要结交得好。如果他依然保持平常心，保持冷静的头脑，真心为公司着想,重用人才,说明这个人很可靠。

三是富则观其所养。这句话是说,看一个人富裕的时候,他所养的门人、来往宾客是什么样的,也就说看他富足之后结交什么样的朋友。

古语说“物以类聚,人以群分”,其实看一个人,不仅仅看他本人,还要看他身边的人。看看与他交往的都是什么人,就能大致看出他是怎样一个人。

四是听则观其所行。这句话是说,观察这个人听取别人的意见后,是否会进行实践。

行动永远比语言更重要,一个人说得天花乱坠,也并不能全信,关键要看他怎么做,答应的事情能否做到。言出必行是一个人诚实守信的体现,也是考量一个人良好品质的必备条件,如果对方永远都只在说,却从不付诸行动,说明对方是一个不守承诺、不负责任的人。只有言行一致的人才是让人可以信任的人。

五是止则观其所好。这句话是说,当一个人无事可做的时候,观察他有哪些爱好。也就是看看他平时除了工作以外,都把时间花到什么地方去了。

一个人有什么样的兴趣爱好,就能体现出什么样的性格特征。比如喜欢玩游戏、赌博的人大多是得过且过、懒散的人;喜欢下棋、弹琴的人大多是有艺术气质、安静、踏实的人。一个人的时间花在哪里,他的人生就在哪里。

六是习则观其所言。这句话是说,当你和陌生人刚刚相处的时候,他说的话是不能全信的,要等到你们相处习惯以后,再看他说的话是不是跟当初一致。

日久见人心,第一次见面,彼此都很拘谨,为了留下好印象,说话一般都会有所顾忌,这时候你是看不出对方是否有问题的。等到相处久了以后,他跟你说的话多少都会发自真心了,这时你再听听他说的话,就能判断出对方的品行。

七是穷则观其所不受。这句话是说，观察这个人贫穷的时候，不接受什么。

人穷没关系，但是不应该以穷为荣，觉得自己贫穷，别人就理所应当地应该来帮助自己，一旦不帮助自己，就站在道德制高点指责别人。还有些人穷得很没有骨气，连嗟来之食都坦然接受。

穷也要有所受，有所不受。比如，你可以接受别人帮你介绍的工作，通过努力改变现状，并回报人家，但是不应该接受人家送给你的钱财。“授人以鱼，不如授人以渔”，同样，拿别人的“鱼”，也不如拿别人的“渔”。

八是贱则观其所不为。这句话是说，当一个人贫贱的时候，看他不做什么。当然主要看他是否不做那些有违正义的事情。

有一些事情，不管身处什么位置都是不该做的，可有人做事根本没有原则，完全根据自己的地位、身份来决定。他是富商时，觉得自己不应该做什么丢面子的事；他是乞丐时，觉得自己没有什么做不得，偷摸拐骗都是正常的。但是，一个人做事不应该与身份挂钩，如果他在地位低贱的时候还能保持本心，绝不做有损人格之事，活得堂堂正正，那就是一个可靠的、值得交往的人。

这八点就是吕不韦的“八观”。下面要讲到的“六验”，主要是从情感表现上来看一个人，这里就简单介绍一下。

一是喜之以验其守。这句话是说，看他在自己喜欢的东西面前，能否守住底线，也就是看对方能否抵挡得住诱惑，若是轻易就被诱惑了，则说明这人心志不坚，很容易会出卖别人。

二是乐之以验其僻。这句话是说，讨好一个人让他高兴，看他是否会有什么特殊的癖性。人常说“得意忘形”，人在过于高兴的时候会露出隐藏的本性，通过这一点，检验对方是否操守如一。

三是怒之以验其节。这句话是说，在一个人愤怒的时候，看他是否能够自我约束。自制力也是维持友情的重要因素，有的人在情绪极端化的时候，控制不住自己的情绪，这样的人不能与之深交。

四是惧之以验其持。这句话是说，看他害怕之时是否还能坚持初衷。有毅力的人对待朋友也会很忠心、很持久，这样的人会是可靠的后盾。

五是哀之以验其人。这句话是说，看他伤心之时，为人如何，是否会做出一些过分的事。

六是苦之以验其志。这句话是说，看他痛苦的时候是否还能坚守志向。

吕不韦的经验之谈对于现代社会的管理者有着深刻意义，一个管理型的人能否成功，关键在于他有没有一个好团队，而有了团队之后，能否让每个人都各司其职，人尽其用，不断招揽到有用之人更是重中之重。

所以，吕不韦“八观六验”的用人之道，值得每一个人学以致用。

3. 庄子的“九征”识人标准

庄子一向主张“清静无为”，希望一切顺其自然，不要人为地去改变。这些思想放在如今的确有些消极、颓废，不过，我们今天不讲他的思想，而讲他的识人智慧。庄子识人，要看一个人的忠诚度、是否尊敬他人、能力高低、智慧、信誉、廉洁、节操、仪态、为人处世九方面。

庄子，名周，字子休，是春秋战国宋国人。我们常说“孔孟之道”和“老庄思想”，“孔孟”是儒家学说的两位创始人，指孔子和孟子，“老庄”指的是道家学派的两位代表人物，老子和庄子。

庄子是老子哲学思想的继承者和发展者，先秦庄子学派的创始人，他讲究“无为而治”，追求自在、随心。

“庄生晓梦迷蝴蝶，望帝春心托杜鹃”这句诗中的典故说的就是庄周梦蝶的故事。庄子在梦中梦到自己是一只蝴蝶，全然忘了自己的真实身份。醒来之后，庄子竟分不清到底是自己在梦里化成了蝴蝶，还是蝴蝶在现实生活中变成了自己。

庄子虽然自己看不透自己，常常沉浸在浪漫的幻想中，但是他对于如何看透别人却深谙玄机。2000多年前，庄子就在《庄子·列御寇》中提出“人有九征”，参考这九个特征，就可以看清一个人的内心和本质。

今天我们就来看看庄子的“识人九法”：

远使之而观其忠；近使之而观其敬；烦使之而观其能；猝然问焉而观其智；急与之期而观其信；委之以财而观其仁；告之以危而观其节；醉之以酒而观其则；杂之以处而观其色。

一是远使之而观其忠。这句话是说，远离一个人去观察他是否忠诚。距离是考察二人关系的一面镜子，就像是恋人一样，异地分隔久了，感情就会出现裂痕，内心出现动摇，容易让人乘虚而入。同样，不论是找朋友，还是挑选人才，只有对方对你真心、忠诚，二人的关系才能保持下去。

如果一个人做不到对你真心、忠诚，那么即使他能力再强，也不值得深交，而如果他对你非常的忠心，那么即使他能力一般，也能够安心与其交往。

当一个人离你很近的时候，整日相处的话，往往很难看出来对方是否真心、是否忠诚，只有疏远他、冷落他，观察他在你面前是否在做样子，离开你后是否仍然像原来那样对你，是否会原形毕露，向别人抱怨你，这样才能观察他的忠诚度。

二是近使之而观其敬。这句话是说，靠近一个人，与其近距离相处，观察对方是不是一个尊敬他人的人。

当我们和一个人朝夕相处的时候，虽然不能判断他是否对你真心，却可以判断出他是否对你心存敬畏。

两个人长期相处，彼此的优缺点慢慢就会清楚地显示出来，因为性格是最难伪装的，尤其是在一些突发状况中，如果对方还能保持良好的素质，对任何人都尊敬有加，就说明这是一个值得交往的人。如果他只对地位高的人毕恭毕敬，对于地位低的人就嗤之以鼻，说明不值得重用和深交。

三是烦使之而观其能。这句话是说，交给对方一些烦琐的工作，考察他的能力。当一个人面对一件烦琐而费时费力的事情时，能够应付自如，安排得有条有理，顺利完成，那说明这个人的能力很强、性格坚毅，不轻言放弃，是一个可堪重用的人。

四是猝然问焉而观其智。这句话是说，突然问对方一个问题，看他是否足够机智，很快地答出。

突然袭击最考验一个人的应变能力，临场反应最能反映一个人的智慧，突然的提问可以考察一个人的思想深度，尤其是刨根问底地追问，不给对方思考及组织语言的时间，可以更好地分辨出哪些是徒有其表的人。

五是急与之期而观其信。这句话是说，仓促地与一个人约定会面的时间，看他是否能够按时赴约，观察他的守信程度。

诚实守信是做人的第一原则。如果一个人满嘴谎言，说到做不到，那么就没有在他身上浪费时间的必要了。而且一个人连准时赴约都做不到，说明你在他心中根本不重要，没有什么位置，这样的朋友不交也罢。

六是委之以财而观其仁。这句话是说，看对方是否廉洁，能够不为钱财所动，意思是把金钱交给对方管理，观察对方是否廉洁。

钱是世间一切矛盾的源头，即便是血浓于水的亲人也会因为金钱的分配而产生争吵、怨恨。所以，一个人如果能够面对金钱而不受诱惑，那么说明他是一个正直、轻名利、重感情的人。

七是告之以危而观其节。这句话是说，告诉对方你正处于危难当中，看他是否来帮助你，观察他的节操。

患难见真情，这世上只能同富贵、不能共患难的人太多了，这种人根本就不是真心把你当朋友，而是贪图你给他带去的利益。所以，只有在遇到危机的时候，最能看出一个人是否真心对你，同时看出对方是不是一个表里如一、品德高尚的人。

如果对方不用思考就直接答应你，并且尽全力帮助你，那么这肯定就是一个可以信赖一生的朋友。如果他是员工，在公司遇到困境时，依然坚守岗位，那就值得好好培养。

八是醉之以酒而观其则。这句话是说，和对方一起喝酒，醉了以后观察他的行为和仪态。

酒后吐真言，醉酒后所表现出来的行为往往是一个人最真实的性格。如果一个人喝醉之后酒品很差，那说明这个人没有自控力，或者平时都在装，这种人是不值得信赖的。

九是杂之以处而观其色。这句话是说，观察对方在复杂的环境中，与不同的人相处时，分别表现出什么样的态度。

有些人“见人说人话，见鬼说鬼话”，当着你的面，是讲义气的好兄弟，背后却说你的坏话；当面对利益时，毫不客气地踩着你的肩膀上位。这样的人，可能一时混得开，但时间长了，一定会露出狐狸尾巴。如果一个人在嘈杂的环境中，对待不同阶层、不同背景的人都是同一个态度，那么他肯定是一个真性情的人，人品差不了，值得与其交往。

看清一个人是一件很困难的事情，如果按照这九种标准去看人，就能够更好地帮你认清一个人的本性，避免浪费时间在不值得的人身上。

4. 诸葛亮的“观人七法”

诸葛亮是三国时期蜀汉丞相，他不仅智谋过人，在选人、用人方面也有自己独特的见解。他看人，主要从志、变、识、勇、性、廉、信七方面来看，这套方法总结得非常全面，极具参考价值。

“画皮画虎难画骨，知人知面不知心。”“人心隔肚皮，做事两不知。”这些话的意思都是在讲人心复杂，难以猜度。即使你和一个人面对面坐着聊天，朝夕相处，也不一定能够知道对方真实的想法。

从古至今，历代先贤都在专注于如何看透人心，从庄子到管仲、吕不韦，还有三国时期著名的谋士诸葛亮，都总结出了一套观人识人的方法。

在史书记载中，诸葛亮是运筹帷幄、算无遗策、决胜千里，为蜀国的建立与发展立下汗马功劳的政治家、军事家。他之所以能够在三国众多谋士中成为最耀眼的一个，就在于他会用人。无论是行军打仗，还是处理国政，诸葛亮都会起用大量的人才，被他托付重任的人，大多不负众望，百战百胜。

在多年的政治生涯中，诸葛亮总结出一套识人之法，记录于《知人》一文中。在文中他总结出了“志、变、识、勇、性、廉、信”七大观人之道，几乎算得上面面俱到，对于现代管理者来说，具有很大的参考价值，其具体内容如下：

问之以是非而观其志，穷之以辞辩而观其变，咨之以计谋而观其识，告之以祸难而观其勇，醉之以酒而观其性，临之以利而观其廉，期之以事而观其信。

一是问之以是非而观其志。这句话是说，询问对方一些大是大非的问题，来观察对方的意志、品行。

了解一个人，最重要的就是了解对方的品行和志向。尤其是在考察一个人是否值得你结交的时候，更要了解对方的立场和观点，是否有大志向。

一个没有理想的人，要么是一个碌碌无为的平庸之辈，要么是一个见风使舵的“墙头草”。这种人没有自己的信仰和主见，人云亦云,只看重自身利益,没有定性,往往会为了自身利益出卖别人,严重一些还可能做出一些损害集体或国家利益的事情。

所以,那些在大是大非的问题上支支吾吾、模棱两可的人,一定不能深交,更不能委以重任。

二是穷之以辞辩而观其变。这句话是说,和对方进行争辩,最好是能把对方逼到词穷的地步,看他的应变能力。

一个能被重用的人,除了要做到深谋远虑之外,还要懂得随机应变。因为事情随时都有可能发生变化,你预想的并不一定就是正确的。当发生突发状况的时候,如何应变是非常重要的。

三是咨之以计谋而观其识。这一条考察的是对方的见识,是说通过询问对方的计谋,来观察他学识的真伪。

有些人说起无关的话来,滔滔不绝、头头是道,一旦需要他出谋划策的时候,却没有主意。所以,要想辨别出真正的有才之士,就要向他提出各方面的问题,征询他的意见,看他的意见是否真的有用。

很多人都是纸上谈兵,虽然想法天马行空、别具一格,但是根本不实用。而真正有经验、有能力的人,绝不说废话,提出的建议总能切实可用。所以我们应该多与对方交流意见,辨别他到底是胸有沟壑,还是纸上谈兵。

四是告之以祸难而观其勇。这句话是说,告诉一个人他即将大难临头,看他是否有勇气和胆识面对逆境。

逆境或困境最能体现一个人的品质。那些平时拍着胸脯说自己多么勇敢无畏的人并不可信,只有真正面对困难时做出的反应,才是他们最真实的内心。只有临危不惧,不退缩、不抱怨的人,才是值得信赖的朋友。

五是醉之以酒而观其性。这句话是说,和对方一起喝酒,把他灌醉以后观察他的品行。

英雄所见略同,这一点在庄子的“识人九征”中也提到了“醉之以酒而观其则”。

都说酒后吐真言，可是酒能乱性，被酒精麻痹过后的神经是最为放松、最为真实的。有些人平时把自己的本性藏得很深，喝醉了之后，才可能见到他最真实的一面。

醉酒不仅能看出一个人真正的性格，还能看出对方的自制力。自制力差的人喝了酒之后往往会胡言乱语、撒酒疯，与这样的人结交时，一定要慎重。

六是临之以利而观其廉。这句话是说，用利益去诱惑对方，看他是否清正、廉明。

金钱、功名、权力，任何一样都可能让人迷失本性。贪欲是人的本性，但是“君子爱财，取之有道”，凭自己的双手勤勤恳恳地奋斗才是正道。如果面对一点小恩小惠就动摇了，那这种意志不坚定、不廉洁的人是不能重用，也是不能深交的。

七是期之以事而观其信。这一条考察的是信誉，说的是，让对方答应你一件事情，看他是否能够守信。

诚信，是对一个人最基本的道德要求，这是与之交往的前提。正所谓“言必信，行必果”“言而无信，不知其可也”。一个人如果连自己说的话都做不到，不讲信用，不顾名声，那就是一个不值得信赖的人，这样的人怎么放心和他相处，又怎么放心把重任交给他呢？

我们每天都要和不同的人打交道，有些是熟悉的人，有些是陌生的人，哪些人值得我们真心去结交，哪些人堪当重用呢？诸葛亮这一套1000多年前的观人之道给了我们很好的启发，具有很大的借鉴价值。